植物王国探奇

瓜果植物世界

谢 宇◎主 编

花山文艺出版社
河北·石家庄

图书在版编目（CIP）数据

瓜果植物世界 / 谢宇主编. -- 石家庄 : 花山文艺出版社, 2013.4（2022.2重印）
（植物王国探奇）
ISBN 978-7-5511-1097-6

Ⅰ. ①瓜… Ⅱ. ①谢… Ⅲ. ①瓜果园艺－青年读物②瓜果园艺－少年读物 Ⅳ. ①S65-49

中国版本图书馆CIP数据核字(2013)第128567号

丛 书 名：植物王国探奇
书　　名：瓜果植物世界
主　　编：谢 宇

责任编辑：冯 锦
封面设计：慧敏书装
美术编辑：胡彤亮
出版发行：花山文艺出版社（邮政编码：050061）
（河北省石家庄市友谊北大街 330号）
销售热线：0311-88643221
传　　真：0311-88643234
印　　刷：北京一鑫印务有限责任公司
经　　销：新华书店
开　　本：880×1230 1/16
印　　张：12
字　　数：170千字
版　　次：2013年7月第1版
2022年2月第2次印刷
书　　号：ISBN 978-7-5511-1097-6
定　　价：38.00元

（版权所有 翻印必究·印装有误 负责调换）

编委会名单

主　　编　谢　宇

副主编　裴　华　刘亚飞　方　颖

编　　委　李　翠　朱　进　章　华　郑富英　冷艳燕
吕凤涛　魏献波　王　俊　王丽梅　徐　伟
许仁倩　晏　丽　于承良　于亚南　张　娇
张　淼　郑立山　邹德剑　邹锦江　陈　宏
汪建林　刘鸿涛　卢立东　黄静华　刘超英
刘亚辉　袁　玫　张　军　董　萍　鞠玲霞
吕秀芳　何国松　刘迎春　杨　涛　段洪刚
张廷廷　刘瑞祥　李世杰　郑小玲　马　楠

美术设计　天宇工作室

图文制作　张　淼　郭景丽　李斯瑶

法律顾问　北京中银律师事务所　李永兰律师

前 言

植物是生命的主要形态之一，已经在地球上存在了25亿年。现今地球上已知的植物种类约有40万种。植物每天都在旺盛地生长着，从发芽、开花到结果，它们都在装点着五彩缤纷的世界。而花园、森林、草原都是它们手拉手、齐心协力画出的美景。不管是冰天雪地的南极，干旱少雨的沙漠，还是浩渺无边的海洋、炽热无比的火山口，它们都能奇迹般地生长、繁育，把世界塑造得多姿多彩。

但是，你知道吗？植物也会“思考”，植物也有属于自己王国的“语言”，它们也有自己的“族谱”。它们有的是人类的朋友，有的却会给人类的健康甚至生命造成威胁。《植物王国探奇》丛书分为《观赏植物世界》《奇异植物世界》《花的海洋》《瓜果植物世界》《走进环境植物》《植物的谜团》《走进药用植物》《药用植物的攻效》等8本。书中介绍不同植物的不同特点及其对人类的作用，比如，为什么花朵的颜色、结构都各不相同？观赏植物对人类的生活环境都有哪些影响？不同的瓜果各自都富含哪些营养成分以及对人体分别都有哪些作用？……还有关于植物世界的神奇现象与植物自身的神奇本领，比如，植物是怎样来捕食动物的？为什么小草会跳舞？植物也长有眼睛吗？真的有食人花吗？……这些问题，我们都将一一为您解答。为了让青少年朋友们对植物王国的相关知识有进一步的了解，我们对书中的文字以及图片都做了精心的筛选，对选取的每一种植物的形态、特征、功效以及作用都做了详细的介绍。这样，我们不仅能更加近距离地感受植物的美丽、智慧，还能更加深刻地感受植物的神奇与魔力。打开书本，你将会看到一个奇妙的植物世界。

本丛书融科学性、知识性和趣味性于一体，不仅可以使读者学到更多知识，而且还可以使他们更加热爱科学，从而激励他们在科学的道路上不断前进，不断探索。同时，书中还设置了许多内容新颖的小栏目，不仅能培养青少年的学习兴趣，还能开阔他们的视野，对知识量的扩充也是极为有益的。

本书编委会

2013年4月

目 录

果品佳话

果不虚传

世界四大干果

蔬果植物

果品佳话

水果的来源

从前，有一座山，五峰挺拔，插入云天，叫作“五峰山”。五峰山中住着一位老人，老人种了一棵果树。老人的管理方法很独特，这棵果树只留五枝，并且五枝中只有一枝是原树保留，其他四枝都是嫁接上去的。每到春天，五枝开五种不同颜色的花，黄、红、紫、青、白，结满树的果，老人只留五个，每枝一果。每天早晨，老人都用小瓶子收集露水，用来浇灌果树。然后就满山收集鸟粪，用来当作树的肥料。人们都很好奇，就问老人：“这是什么树啊？你每天都那么细心的照顾它，还那么神秘。”老人说：“果树。”人们刨根问底：“什么果树？”老人答：“原枝是神圣果，嫁接的是勇敢果、智慧果、贤惠果、美丽果，果果滋润人。”

聪明的人发现老人有仙风道骨，就推断此树的果实一定非同一般。于是订购果实、买果树断枝的人们，络绎不绝，五峰山下，门庭若市。但人们都无果而归。

不能买到果实，于是有的人就黑夜偷盗。可是这果实比铁还硬，树枝比钢条还坚韧，果实没偷到，常常有门牙被磕下来的，双手手掌的皮被勒下来的。对于这些情况，老人总是笑着说：“偷盗，有果者几何？”后来有一群人，选了一个雨夜，想把果树挖走，最后还是失败了。老人笑着叹息：“果树的根深扎在五峰之下，撼山易，撼果树难啊!”

一天，五峰山下的树木被折断，就像千军万马厮杀过一般，老人的房子倒了，人也不见了。这不是盗伙所为，就是乱兵之行，但是老人的果树却安然无恙。消息一传开，很多人都过来观看。一个女孩说：“我要常收集鸟粪过来，给果树施肥。”她的话得到了同伴的支持。

女孩走向森林，去收集鸟粪。没走多远，女孩就大声尖叫。原来一条大蛇竖得比女孩还高。一个虎头虎脑的男孩看到了，捡起一块石子，扔向巨蛇，蛇倒下了。

一个有着宽宽额头的男孩说：“把蛇挂在五果树上，就会引来鸟啄其肉，自然就有鸟粪了。”虎头虎脑的男孩走上前去，拉起巨蛇，飞奔而去，如猴攀藤，蛇被挂在了树杈上。

宽额头男孩又对女孩说：“你有金嗓子，学鸟叫能乱真，学雌鸟叫，引来雄鸟，学雄鸟叫，引来雌鸟。”不出所料，女孩的金嗓子引来了鸟儿。果树上，百鸟有上下盘旋的，有站枝不飞的，有呼朋唤友的……

令人意想不到的是，男孩的石子只是让巨蛇休克了一会儿，现在它又苏醒了过来，蛇盘在树枝上，与树皮同色，可以吞鸟而食，于是就在树上安了家。从此，果树不怕盗贼了。世事真奇妙，真是一物降一物啊！

果子成熟后，鸟啄兽食。种子就这样被带到远方，于是漫山遍野都有了果树。

有人说，水果是“岁果”的谐音，是纪念那位有着仙风道骨的老者；也有人说，水果是天、地、人所有生灵的精髓的结晶，是“髓果”。

一骑红尘妃子笑

荔枝是我国最具传奇色彩的一种水果。当荔枝成熟的时候，徜徉在荔枝林里，品尝着美味、香甜的荔枝， 段段神奇而优美的传说更让你回味无穷。

荔枝在我国种植历史悠久，被誉为“岭南佳果”。“妃子笑”是优良的荔枝品种，听到这个名字首先感到很优雅、很动听，然后就会感到奇怪，为什么叫“妃子笑”呢？这还得从一段美丽的传说说起。话说，唐代杨贵妃非常喜欢吃荔枝。一天夜里，她梦见自己来到岭南的一个村庄，村边栽满了荔枝，果香飘溢，村里的人们都在兴高采烈地摘荔枝呢，真是热闹非凡！杨贵妃醒来以后，马上叫来了岭南人士高力士。高力士听完贵妃的梦后，马上向唐玄宗和杨贵妃推荐说：“我家乡的荔枝味道最好。”于是唐玄宗就命高力士日夜兼程把最好的荔枝送进京城。杜牧绝句《过华清宫》写道：“长安回望绣成堆，山顶千门次第开。一骑红尘妃子笑，无人知是荔枝来。”说的就是这件事。

高力士回到家乡以后，发现了一个荔枝园，里面有各种各样不同口味的荔枝，且品质上乘。满载荔枝的马车一路颠簸好不容易到了长安，可荔枝早已变味了。杨贵妃非常生气，终日茶饭不思。为安慰杨贵妃，唐玄宗命令高力士重回岭南。

一天，高力士采完荔枝，感觉很累，就在树下睡着了。他梦见一位仙风道骨的老翁，对他说："竹能装，有水便能到长安……"高力士醒来以后，赶忙去准备了很多竹筒，将竹筒在水中浸了一些时候，就把荔枝一颗颗的装进竹筒，用蜂蜡封闭口盖。高力士又想家乡的荔枝酒远近闻名，何不带点给贵妃品尝，说不定她会喜欢，于是，又准备了一些荔枝酒。就这样，高力士带着荔枝和荔枝酒飞奔长安。

到了长安以后，竹筒里面的荔枝非常新鲜，丝毫没有损坏，就像刚刚采摘的一样。杨贵妃吃完以后非常高兴，又打开装着荔枝酒的酒埕，酒香直沁心脾，令她精神百倍。贵妃惊喜万分，马上开怀痛饮，饮完以后，精神抖擞，还跳起舞来，唐玄宗非常高兴，连连叫好，并赐名荔枝为"妃子笑"。

杨梅的传说

杨梅在新石器时代就有生长，是中国历史上最早的水果之一。汉代时，还成为贡品。杨梅树是一种非常美的长寿乔木，虽然树形不高，但是树冠却非常壮旺。从远处望，亭亭玉立；走近一看，亭亭的伞盖下撑起一方浓浓的绿荫，夏天的时候，人们都在杨梅树下乘凉。

有关杨梅的传说有很多，而最为动听的是“吾家果”的传说。

相传，古代梁国杨氏有个儿子叫杨修，非常聪明。杨修九岁的时候，他父亲的朋友孔先生来家中拜访，正巧他父亲出去了，杨修就拿出几盘水果招待客人，其中一盘就是杨梅，孔先生指着杨梅对杨修说：“这才是你杨家的果子呢！”南宋著名诗人杨万里把杨梅说成“吾家果”，就是从这个典故中来的。听说，杨梅开花很特别，是在夜里开放的，天亮以后就凋谢了，很难看到。

我们都知道，百花都是争奇斗艳，迎风怒放，尽情展现自己的风姿。可是杨梅花却怕人看、羞人望，美丽得不动声色，非常内敛、非常含蓄。纵有万种风情，也只在深邃的夜晚开放，是多么难能可贵！

石榴树的传说

传说张骞出使西域，到了安石国，住的地方门外有一颗石榴树，花红似火。张骞觉得非常奇怪，因为他从来都没有见过花开得这么鲜红的树，所以有空的时候，张骞就在石榴树旁观赏。当天气干旱的时候，张骞就给它浇水，让它的叶子始终保持鲜绿，开好看的花。

在张骞要回国的前天晚上，一个穿红色上衣、绿色裙子的姑娘对张骞说："我要跟你一起走。"张骞吓了一跳，还以为是安石国的使女要跟他逃走，立刻就拒绝了她的要求，那女子只好走了。

第二天，张骞要走了，他就对安石国的国王提了一个要求，说："我别的东西都不要，我要把门口的那株石榴树带走，因为我的国家没有这种树，带回去做个纪念。”国王便答应了，派人把石榴树挖出来送给了张骞。在回来的路上，张骞被匈奴人拦截，最后总算脱了身，但是却把石榴树弄丢了。

张骞回到长安时，忽然听见后面有个女子叫他：“张使臣，这一路你让我追得真是辛苦呀！”张骞一看，正是在安石国要跟他一起走的女子。张骞就问：“你为何要来这里？”那女子说：“你路中被匈奴人拦截，我不想离开你，一路追来，就是想报答你那些日子为我浇水救命的恩情。”说完女子就不见了，一会儿，在女子原来站的地方长出了一棵石榴树。

拿着木瓜当面梨

面梨最大的特点就是色黄、个大、有香气，它与木瓜很相似，所以有“拿着木瓜当面梨”的说法，关于这一说法的来历，还有一个传说。

传说，有一对老夫妻，无儿无女，就靠地里的几棵大梨树结的果子来过活。两位老人对梨树非常好，冬天的时候给它们刮皮挠痒，夏天的时候就搬到地里给梨树做伴，秋天就攒些粪肥给它们施肥。

一天，老太太对老头说：“现在咱们还能活动，还能吃得动梨，要是以后老了，啥也干不了，牙口也不好了，那可怎么办啊？要是梨树结的果子能当面吃，那就好了。”

老头笑着说：“种瓜得瓜，种豆得豆，你不给它面吃，它怎么会结面？”

老太太还真把这话当回事了，经常撒些豆面、玉米面在树下，嘴里还说：“说不定哪天还真就结面梨了呢！”

有一年，发了大水，颗粒无收。乡亲们只好出去逃荒，可是两位老人手脚不便，又没有人照顾，眼看就要活不下去了。就在这个时候，老太太突然发现有一棵梨树与众不同，结的果子特别大，摘下来一摸很柔软，揭掉皮一尝，面得很，吃快了还噎人。两位老人喜出望外，赶快摘下来分给邻居们，还留下一部分使自己度过了饥荒。

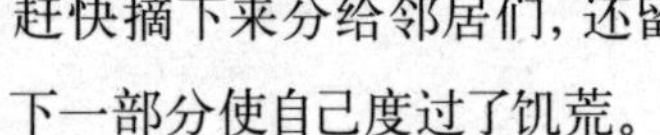

奇怪的事总是传得很快，一传十，十传百，传到一个财主的耳朵里，财主忙派出一个家丁去看到底是真是假。家丁假装赶集路过，说要讨口水喝就进了院子，左瞅瞅，右看看，也没看出什么名堂，只是闻到了一股香味，正想接着问，突然看到了老人屋后的“木瓜树”，木瓜成熟后很香，而且样子也很像梨，于是就回去了。家丁对财主说：“穷人嘛，见识短浅，哪有什么面梨，那是木瓜。”

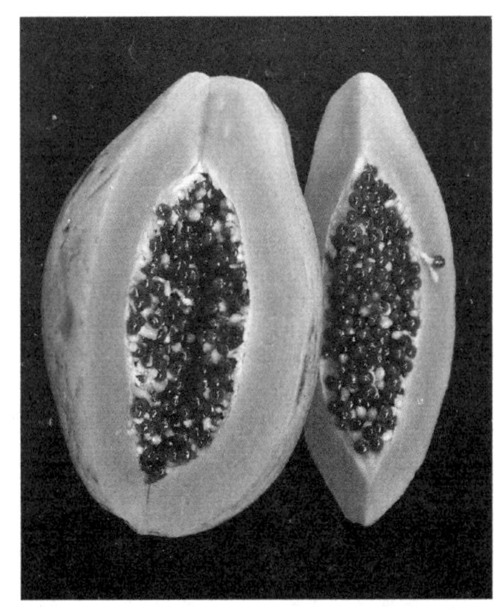

桑葚救人

要说桑葚能救人，很多人都不相信："桑葚是用来吃的，怎么能救人呢？"其实桑葚在历史上的确救过人。

古书记载："金末大荒，民皆食葚，获活者不可胜记。""汉兴平元年……桑再葚时，刘玄德军小沛，年荒谷贵，士众皆饥，仰以为粮。"这些记载都充分说明了当时恰逢天灾，民不聊生，桑葚充当了救荒"粮食"甚至军粮的角色。

我们都知道历史上汉代皇帝刘秀被王莽追杀的故事。西汉末年，天下大乱，群雄并起。

刘秀当了带兵的将官，驻扎在河北冀州市一带，王莽要夺走汉家的天下，刘秀坚决反对，王莽就想杀了他。刘秀为了避免与强大的王莽决战，就率领部队南逃。一次，在敌人的追击下，刘秀与部队逃散，一个人逃到树林中，肚子叫个不停，饿得厉害。他突然看见一棵大树上结满果子，果子的颜色是深紫红色的，也不管它有毒没毒，摘了就吃，一直吃到饱。

后来，刘秀当了皇帝，仍然记得这棵救过他命的树，就命人去给此树挂了金牌。这棵树是桑树，刘秀吃的就是桑葚。历史上的传说不一定可靠，但至少说明了汉代时民间已有桑树了。

“智慧果”的故事

《圣经》中记载了这样一个故事，说上帝首先创造了人类的祖先亚当，在亚当睡着的时候，又用他的一根肋骨创造出了女人夏娃。然后让亚当和夏娃结为夫妻，住进了鸟语花香、仙境一般的伊甸园。上帝告诉亚当和夏娃，一定不要吃伊甸园内树上的苹果。一天，一条蛇引诱夏娃，悄悄地对她说：“那树上结的是‘智慧之果’，吃了以后就会变得无比聪慧。”最终夏娃没能抵挡住诱惑，偷偷地吃了树上的苹果，于是上帝就把他们赶出了伊甸园，并给予他们非常严厉的惩罚，让他们的子孙世世代代受苦。因此苹果也被称为“智慧果”和“禁果”。

在希腊神话中，苹果象征着美丽。一天，争执女神埃里斯拿出一个刻着“给最美丽的女人”的金苹果，她说要送给最美丽的女神。天后赫拉、爱神阿芙洛忒（罗马称其为维纳斯）、智慧女神阿西娜为了争夺这个金苹果，引发了长达数十年的特洛伊战争。

杧果的味道

杧果的故乡在印度，四千多年前，印度人首先发现并栽种了杧果，称杧果为“百果之王”。

据说，有个虔诚的信徒为了让释迦牟尼能在树荫下更好地休息，将自己的杧果园献给了他。至今，在很多佛教寺院里，我们仍然能看到不少杧果树、花、叶、果的图案。

杧果吃起来是什么味道？想要准确地描述还真有难度，好像既有水蜜桃的味道，又有菠萝的味道。关于杧果的味道还流传着这样一个传说：相传在很久以前，波斯国王派了一个大胡子官员到印度办

事。这个官员到印度时，正是杧果成熟的季节，到处飘着果香，于是他只顾着吃杧果，忘记了国王交代的差事。

等回到波斯国，见到国王他马上告诉国王杧果有多么好吃，把国王馋得直流口水。国王要他把杧果的色、香、形、味描述出来。色、香、形都描述完了，只剩下味了，这下急坏了官员，他怎么都想不到恰当的词来形容其味道，又不敢乱说，因为乱说会犯下杀头之罪。最后他想到了一个办法，让人取来了蜂蜜，然后抹在胡子上，对着国王神秘地说："陛下请您舔舔我的胡子吧，杧果就是这个味道。"他靠着这个办法最终蒙混过关。

槟榔救人

在云南傣族人民的心里，槟榔是吉祥幸福的象征，男女老少都喜欢嚼槟榔，还用它来招待客人。槟榔不光好吃，还有一定的药用价值。傣族至今还流传着槟榔救人的故事。

相传，在很早的时候，傣族有个温柔、美丽、善良的姑娘，叫香兰。香兰勤劳贤惠、能歌善舞，很多小伙子都很喜欢她，但她偏偏喜欢“象脚鼓”跳得好的岩峰，两人相亲相爱，幸福得就像鱼儿离不开水。

可是，甜蜜的日子却很短暂，一件意外的事情破坏了这一切。香兰的肚子一天天的鼓了起来。于是，寨子里，风言风语就像长了翅膀似的到处飞，家人的责骂不断，心上人也离开了她。香兰的爹又生气又难过，摘来一串槟榔让香兰吃下去，让她死去，也许一切就解脱了，大家也清静了。香兰百口难辩，一狠心把槟榔全部吃下去了。人们都在等待香兰死去，香兰痛苦地捂着肚子，接着吐出一条长蛇一般的虫子，肚子也消下去了，原来香兰根本没有怀孕。人们不光知道错怪了她，还发现槟榔是一味驱虫良药。

槟榔是一味传统的中药。据《本草纲目》记载：“槟榔治泻痢后重，心腹诸痛，大小便气秘，痰气喘急，疗诸疟，御瘴疠。”《名医别录》也有记载，槟榔“可杀肚虫，医脚气”。因此，我国民间有很多用槟榔治肚中虫病的验方。

西王母的圣果

在新疆有一个传说，核桃是西王母的圣果，生长在昆仑山上，并有两只奇兽日夜守护着。这棵树上的核桃可以让病人恢复健康，长生不老。

于阗国的国王听说了这件事，就许下承诺，如果谁能取回圣果，就封他为未来于阗国的国王。

有一个叫阿曼吐尔的年轻人，他母亲是著名的织地毯能手，能织上百种图案的地毯。由于太劳累，阿曼吐尔的母亲病倒了。阿曼吐尔决定去昆仑山上取回西王母的圣果救母亲，他先来到玉龙喀什河上游，磨砺出了一把玉剑，然后来到昆仑山，和奇兽激战了三天三夜，终于杀死了奇兽，西王母却阻止他摘核桃。阿曼吐尔绝望地说："我母亲命在旦夕，我必须救她，求您让我取回圣果，救活我的母亲，然后可以把我处死。"西王母被他的孝心感动了，就将圣果交给了他。

但遗憾的是，阿曼吐尔回到家，发现他的母亲已经去世了。国王告诉阿曼吐尔，如果他把圣果交出来，他就是未来的国王了。

但阿曼吐尔拒绝了，他把圣果种下，不久后便长出了一棵核桃树，并开了花结了果，更多的人吃到了它，从而摆脱了疾病的折磨，核桃从此成了和睦友爱的象征。

果不虚传

苹果

苹果外形圆润，咬一口满嘴酸甜，几乎没有人不喜欢吃这种水果。苹果的颜色多样，有浅红、黄色、艳红、绿色等，色彩艳丽，特别能勾起人的食欲。它气味清香，储存过它的地方，芬芳的气味能驻留很久，让人迷恋。

苹果古称“林檎”或“柰”，据说，在苹果成熟的季节，鲜美的味道引得飞鸟来吃，故名“林檎”。在中国种植的历史悠久，汉武帝居住的上林苑扶荔宫，就种有林檎。

苹果的名字是由印度梵语“频婆”两字演化而来的，不过在印度，频婆并不是指苹果，而是另一种水果的名称。苹果的名称出现在明代，万历年间王象晋编纂的《群芳谱·果谱》中就有苹果，书中记载，苹果产在北方，山东、河北的质量最好。生的时候是青色，熟的时候半红半白，或者全是红色，在很远的地方就能闻到香味。

苹果有10 000多个品种，但有经济价值的只有100多种，人们经常栽培的有20多种，如秦冠、金星、祥五、金帅、金冠、倭锦、国光、胜利、金红、红富士、红元帅、黄元帅等。苹果是常年供应的水果之一，是人们日常食用、馈赠的首选。

苹果在每年的6月中旬到11月间陆续成熟，一直可以储存到来年苹果成熟的时候。所以，我们一年四季都能吃到苹果。

苹果的营养既全面又容易被人体吸收，是一种非常好的水果。美国流传一种说

法："每天吃一个苹果，就不用请医生。"这句话听起来很夸张，但苹果的营养和药用价值可见一斑。

特别是女孩子更应该吃苹果，因为苹果可以增加血红素，让脸变得更加红润，看起来比较自然，这才是真正的美。

饭后一苹果，老头赛小伙

在很久以前，人们就发现，吃苹果能增强记忆力、提高智能，因此称苹果为"记忆果"。我国有"饭后一苹果，老头赛小伙"的谚语。

苹果不仅含有丰富的糖、矿物质和维生素等大脑必需的营养素，而且更重要的是含有丰富的锌元素。锌是人体重要的组成元素之一，是促进生长发育的关键元素。研究表明，苹果汁治疗缺锌症比其他锌制剂更容易被消化吸收。

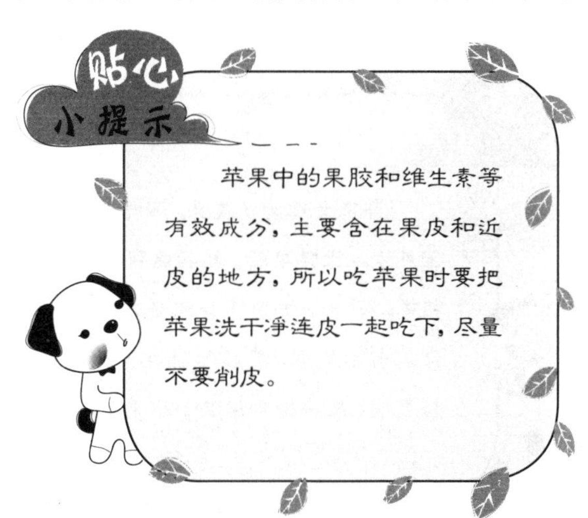

贴心
小提示
苹果中的果胶和维生素等有效成分，主要含在果皮和近皮的地方，所以吃苹果时要把苹果洗干净连皮一起吃下，尽量不要削皮。

防治高血压的理想食品

苹果是防治高血压的理想水果。高血压发生，多数都与人体摄取过量的钠盐有关，而苹果含有大量的钾盐，可以将人体血液中的钠盐置换出来，有利于降低血压。研究表明，每天吃三个苹果，血压就能维持在较低的水平。

宁神安眠的良药

苹果中含有容易被肠壁吸收的铁和磷元素，有补脑养血、宁神安眠的作用。在众多的气味中，苹果的香味对人的心理影响最大，它能明显的消除心理压抑，是治疗抑郁和心理压抑的“良药”。失眠的人在睡觉前闻一下苹果的香味，就能很快安静地入睡。据报道说《基度山伯爵》的作者曾经得过严重的失眠症，他就每天吃一个苹果，并强制执行自己的作息安排，最后，终于把失眠症治好了。

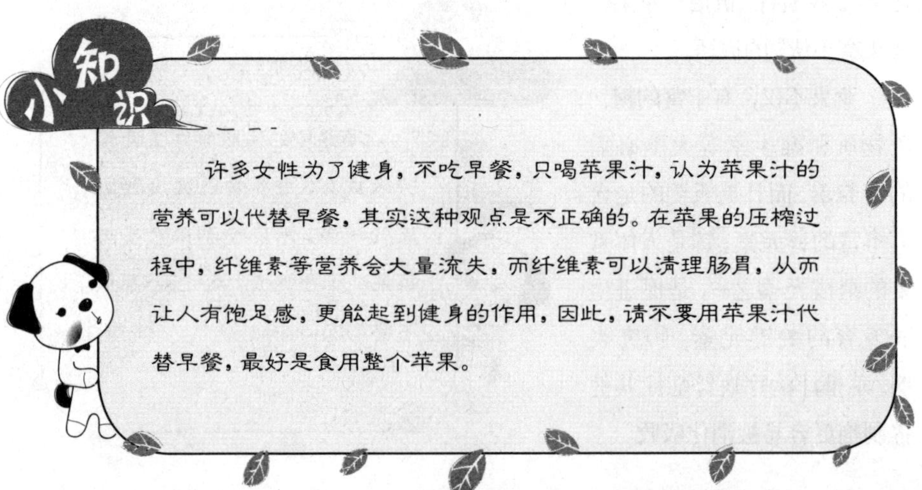

许多女性为了健身，不吃早餐，只喝苹果汁，认为苹果汁的营养可以代替早餐，其实这种观点是不正确的。在苹果的压榨过程中，纤维素等营养会大量流失，而纤维素可以清理肠胃，从而让人有饱足感，更能起到健身的作用，因此，请不要用苹果汁代替早餐，最好是食用整个苹果。

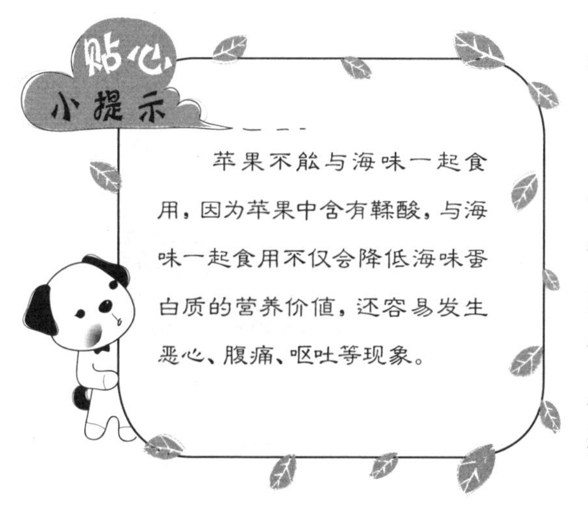

贴心
小提示
苹果不能与海味一起食用，因为苹果中含有鞣酸，与海味一起食用不仅会降低海味蛋白质的营养价值，还容易发生恶心、腹痛、呕吐等现象。

有助于通便

苹果的有机酸有刺激肠蠕动的作用，因此食用苹果有通便的作用。但需要注意的是，不可过多地食用，因为苹果富含果胶，过多食用会引起便秘。苹果能增加血红素，对贫血患者来说，食用苹果可以起到辅助治疗的作用。

冠心病人应多吃苹果

冠心病人应该多吃苹果，因为常吃苹果能使血液中的胆固醇下降。苹果不但不含胆固醇，还能促进胆固醇从胆汁中排出来。苹果中含有大量的果胶，果胶能阻止肠内胆酸的重吸收，使之排出体外，从而减弱了肠肝的循环，使胆固醇排出量增加。苹果含有丰富的果糖、维生素C和微量元素镁等，它们都有利于胆固醇的代谢。

冰箱里的“无法无天者”

你知道吗？好看又好吃的苹果如果保管不得当，它就会成为冰箱里的“无法无天者”。

有经验的人都知道，如果把苹果和其他水果一起放到冰箱里面保管，其他水果就会变蔫，味道也会变，这是为什么呢？这是由于苹果散发的叫“乙烯”的激素在作怪。“乙烯”是植物激素中的一种，它能促进植物落叶、发芽，加快果实的成熟。如果苹果周围其他水果受到“乙烯”激素的影响，就会熟得快、蔫得快，味道变得不好吃，像葡萄等颗粒性水果粒就会全部掉下来。

但是苹果的“乙烯”激素并不是一无是处，它也有有用的时候，那就是对柿子的影响。如果把没熟透的柿子和苹果放在一起，等4～5天，柿子就会被催熟、变甜。要想把新鲜的水果长期保存，就把苹果用塑料薄膜包装起来，因为塑料薄膜可以防止“乙烯”激素的生成。

猕猴桃

猕猴桃又称“藤梨”“奇异果”等，其果肉绿得像翡翠，味道清香酸甜，形状像桃子，又因为猕猴喜欢吃，故名“猕猴桃”。现在几乎没有人不知道猕猴桃了，但是在几年前它还是稀罕水果。猕猴桃的果皮比较粗糙，看起来不像水果，因此，很多人都不把它看作水果，但只要剥开皮吃一口，就会被它酸甜可口的味道迷住！

猕猴桃是猕猴桃科落叶藤本植物，植株如葡萄藤，雌雄异株，夏天开花，花朵芳香，花期长达4～6个月，是理想的蜜源植物。猕猴桃的果实在9～10月成熟，果肉中有黑褐色像芝麻一样的种子，可以用种子繁殖。

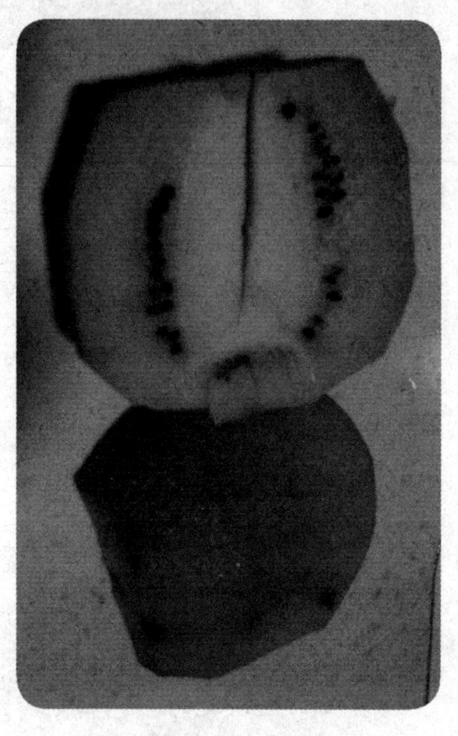

猕猴桃原来是中国野生的，20世纪初传到别的国家。把猕猴桃培养成一种国际性水果的国家是新西兰，它也是世界上栽培猕猴桃面积最大、产量最高的国家。很多年来，新西兰一直在对猕猴桃进行科学研究，功夫不负有心人，终于培育出了受到全世界人们喜爱的水果。

现在，有经济栽培价值的猕猴桃主要有中华猕猴桃和美味猕猴桃两种。中华猕猴桃的果实表面没有毛，不容易贮藏；美味猕猴桃的果实表面很粗糙，容易贮藏。据说，在英国伦敦的一家银行，有一个人看到朋友寄来的毛茸茸的猕猴桃，害怕极了，以为是定时炸弹，虚惊一场。在某年奥运会上，新西兰队的队员带去好多猕猴桃，分给各个国家的运动员品尝。有一个国家的队员不敢吃，最后一致决定由按摩师先吃，等按摩师吃过以后没发生什么事，队员们才开始吃。

味道、营养都打满分

猕猴桃的果肉比较嫩而且多汁，没有比猕猴桃营养更全面的水果了，它含有丰富的钙、铁、磷等元素和多种维生素以及脂肪、蛋白质、碳水化合物。最引人注目的是它含有丰富的维生素C，人体不能自行制造维生素C，想要得到维生素C没有别的办法，只有不断地补给，最直接的办法就是

猕猴桃性寒，脾虚泄泻者不宜食用，寒湿型痢疾、风寒感冒、慢性胃炎、小儿腹泻、疟疾、痛经等患者不宜食用。

吃含有维生素C的食物，猕猴桃就成了首选。因此，味道、营养都是满分的猕猴桃成为“水果之王”是意料中的事情。

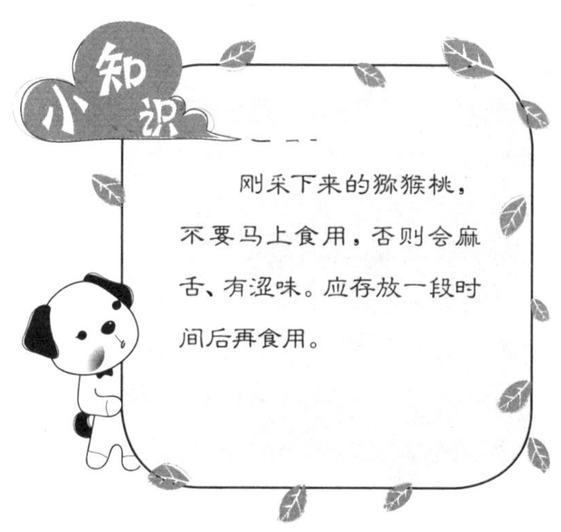

小知识
刚采下来的猕猴桃，不要马上食用，否则会麻舌、有涩味。应存放一段时间后再食用。

长生果

猕猴桃不但能补充人体所需的各种营养，防止致癌物质亚硝胺的生成，还可以降低甘油三酯和血清胆固醇水平，对高血压、消化道癌症、心血管疾病有明显的预防和辅助治疗作用，是一种长寿果品，因而被称为“长生果”。

猕猴桃还具有保健美容的功效。猕猴桃含有丰富的维生素E，能有效地改善免疫系统功能，延缓衰老。

猕猴桃所含的果胶对汞、铝或其他中毒性职业病有解毒作用，对放射性损伤也有一定的治疗作用，对防治乳腺肿瘤、皮肤癌和黑素瘤也有一定疗效。

甜　瓜

甜瓜也叫“香瓜”，是葫芦科香瓜，属一年生蔓生草本植物。果实主要含蛋白质、糖类、有机酸类、维生素B、维生素C以及胡萝卜素、脂肪、钠、磷等营养成分。甜瓜吃起来比较脆，而且水分多，味甜气香，可口宜人，不同的品种有不同的风味，都颇受人们的喜爱。除了生食外，还可以打成果汁、制罐头、制果酱、腌晒做脯，没成熟的果实可做蔬食烹调各种菜肴。

哈密瓜

哈密瓜古称“甘瓜”，维吾尔语称“库洪”，是甜瓜的一个变种。哈密瓜果实比较大，重1~10千克，形状为橄榄形或卵圆形。果皮表面有网纹，果肉有橙色、白色、绿色等多个品种，主要产于阳光充足、降雨量少、昼夜温差大的新疆哈密、鄯善、吐鲁番等地。

哈密瓜味道香甜，鲜食或加工成哈密瓜干，冷却后再食用，会更甜，但是不能长时间冷藏，否则会破坏它的甜度。因此放冰箱里的话，最好不要超过两天。

哈密瓜营养丰富，不仅含有大量的糖分，还含有丰富的纤维素、维生素、苹果酸、果胶物质以及磷、钙、铁等元素。

兰州醉瓜

兰州醉瓜又被称为“麻醉瓜”，皮薄肉厚，含糖量非常高，由于熟透了的瓜含有一股很浓郁的酒香，故名“兰州醉瓜”。

由于兰州醉瓜成熟以后，容易裂口，不方便运输，所以很难运到外地，产量在逐年降低，就连栽培历史悠久的兰州市青白石乡的种植面积也越来越小了，现在，年产量只有300多吨，因此显得很珍贵。

山东银瓜

山东银瓜的主要特点是表皮洁白、个大、味甜、肉脆、香气浓郁。主产区在流经山东省青州市的弥河岸边，由于沙滩具有水源充足、光照强烈、昼夜温差大的自然环境，使它形成了独特的薄皮甜瓜品种。

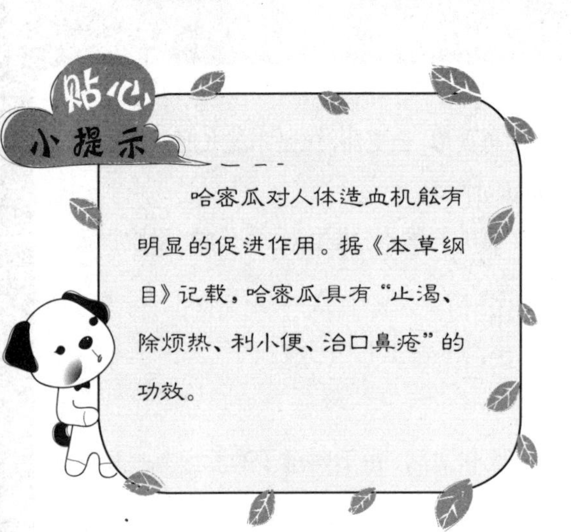

哈密瓜对人体造血机能有明显的促进作用。据《本草纲目》记载，哈密瓜具有“止渴、除烦热、利小便、治口鼻疮”的功效。

草　莓

说到“士多啤梨”很多人都感到陌生，不禁会问：“是不是一种梨呢？”“士多啤梨”是依据“strawberry”这个词的读音翻译过来的。现在知道了吧，“士多啤梨”不是梨，而是草莓。一说草莓大家的脑海中就会闪现那个心形的水果。

草莓最早栽种于古希腊罗马时期，14世纪时开始在欧洲栽培，由野生培育为家种，后来又被移植到北美。在17世纪经过改良后的草莓传入新大陆以后，北美最早的殖民者荷兰人用北美洲草莓和欧洲草莓杂交，培育出新的草莓品种。这种草莓味道非常鲜美，受到人们的喜爱，很快就传到欧洲，成为宫廷贵族们喜爱的水果，风靡一时。

18世纪的奥匈帝国是世界上最富有的国家，而最能表现其奢华的就是甜点。它的很多甜点都配有草莓，著名的甜点“千层酥”就是用酥皮加淡奶油、蜂蜜、糖粉、草莓酱、新鲜草莓、白兰地等做成的。

马可·波罗在《马可·波罗游记》中记载，他在北京最爱吃的东西是冻奶，并且附上了配方，于是冻奶就在意大利的阿尔卑斯山脚下流传开了，后来，冻奶就演变成了冰淇淋。在人们喜爱吃草莓以后，草莓就成了冰淇淋中最重要的水果之一。“草莓圣代”从18世纪末逐渐流行起来。

在烈日炎炎、闷热无比的夏季，女孩子都特别喜欢吃草莓圣代，粉红鲜艳的草莓躺在奶油冰淇淋里，散发着阵阵清香，吃上一口，凉爽中带着酸甜和奶油的浓香，是多么惬意的一件事啊！

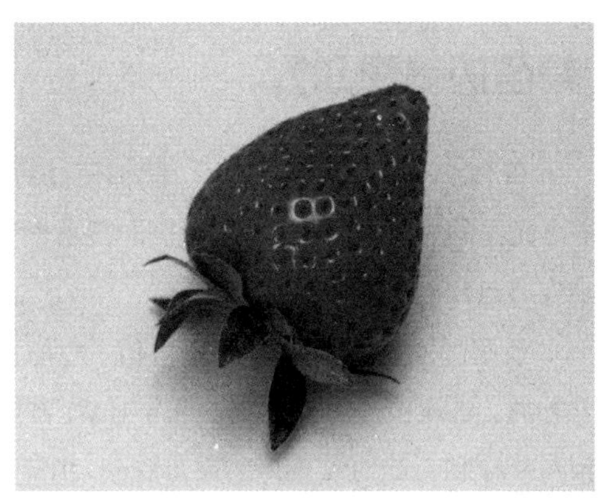

果中皇后

草莓又叫“地莓”“红莓”等，是蔷薇科草莓属植物。

草莓的茎既不直立也不爬藤，而是平卧在地上，这种茎叫作匍匐茎。有趣的是草莓还是个“多胞胎”，是由同一朵花中许多雌花发育而成，很多小果长在一起形成一个果实。它的外观是心形的，鲜美红嫩，不仅颜色好看，还有其他水果没有的清香，果肉多汁，酸甜可口，是水果中难得的色、香、味俱佳者，因此，人们称其为“果中皇后”。

草莓营养非常丰富，果肉中含有大量的有机酸、蛋白质、糖类、果胶等营养物质。此外，草莓还含有丰富的维生素B以及磷、钙、钾、铁、铬、锌等人体所需的矿物质和部分微量元素。草莓的食用方法很多，可根据不同口味制成草莓粥、草莓酱、草莓蜜饯等小食品。

小知识

在国外，有些草莓农场主非常有经济头脑，常把草莓园装扮成节假日休闲娱乐的好去处。他们在草莓园内布置一些穿着不同颜色衣服的稻草人，这样既可以吓唬鸟儿，防止它们偷吃果实，又可以装饰园子。节假日，一家人买票进入草莓园，在里面任意挑选最红最大的果实品尝，走的时候还可以免费带上一些，回家以后慢慢享用。

草莓的神奇功效

草莓富含铁质和维生素C，能够使肤色红润，非常适合皮肤干燥、脸色灰暗、缺乏光泽的人，常食用草莓还能抑制黑色素生成，防止黑斑、雀斑的形成，对粉刺、暗疮有治疗作用。

我国医学认为草莓有药用价值，其味甘、性凉，具有利咽生津、止咳清热、滋养补血、健脾和胃等功效。在西方国家，食用草莓是一种时尚，他们还把草莓当成预防癌症和心脑血管疾病的灵丹妙药，由此可见，草莓对人体健康大有益处。

走过你的草莓园

女人都喜欢吃草莓，而女人也总是和爱分不开，于是，草莓被封为“恋之果”。

“恋之果”是一个美丽而优雅的名字，一个让人思考良久的名字。草莓的外观为心形，就像一颗火热的心，红红的草莓代表了两颗永远相爱的心。草莓成熟在恋爱的季节——初夏，酸甜的草莓和酸甜的爱情蔓延开来，被誉为“恋之果”再合适不过了。正如一首诗中写道：“草莓是象征爱情的水果，鲜嫩欲滴，像女人诱人的红唇，清新的香气如少女的气息。”

可是谁能想象到草莓在淡绿色的叶子下面，开着一朵美丽的小花，胆怯地望着这个偌大的世界，是何其的无助和孤独!

一直很喜欢结束了猫王时代的甲壳虫乐队，不是因为它的名气，而是因为爱上了它的一首歌——《永远的草莓园》，这首“历史上最好听的歌”表达了年轻人的孤独和惆怅，在喧闹的都市中他们觉得很迷茫。歌中唱道：“星期六下午，不论在家或出门，不论在办公大楼或车库之中，别忘了站起来，走过你的草莓园。”

白色的草莓花代表纯洁，开着白花的草莓园，也许是世界上躲避烦琐和嘈杂最好的地方。

贴心小提示

草莓表面比较粗糙，不容易洗干净，用淡盐水浸泡10分钟既能杀菌又容易洗干净。草莓是寒凉之物，不宜多食；痰湿内盛，肠滑便泄者不宜多食。

杧　果

杧果是常绿乔木，树高可达20余米，每年2~3月开花，花虽然小，但是数量多，每一花序都有数百朵甚至上千朵小花，分为雌、雄两种。果实5~7月成熟，果实成熟时一般是绿色的，果肉比较硬，称为“绿熟果”或“硬熟果”。但是也有果皮是红色的品种，如红象牙芒、红芒。

采下来的果实放置一段时间后，果皮由绿色转为黄色，果肉变软，香气诱人，这时就可以食用了。杧果兼有杏、柿、蜜桃、凤梨的滋味，尝一口回味无穷，盛夏季节吃上几个，会让人觉得清爽无比。

有趣的外形

杧果的外形很有趣，有的为圆形，有的为心形、肾形或鸡蛋形。果肉为金黄色，多汁且味道香甜，里面有一枚很大的核，核的表面有大量纤维。没有成熟的杧果含有淀粉，成熟以后淀粉转化为糖。

热带水果之王

杧果有吕宋芒、泰国芒、夏茅香芒、几内亚鹦鹉芒、仁面香芒、象牙芒等40多个品种。果实最大的要数印度

红杧，一个就有1千克重。

杧果的品种不同，味道也不同。杧果除了气味芳香之外，营养价值也很高，果实含有蛋白质、粗纤维、糖，杧果中维生素A的含量非常高，是其他水果中少见的，其次为维生素C。另外，蛋白质、矿物质、糖类、脂肪等，也是其主要营养成分。

中医认为，杧果味甘、酸，性凉，有益胃止呕、生津解渴及止晕眩等功效，甚至可治胃热烦渴、呕吐不适及晕船、晕车等症状。过去，凡漂洋过海者，经常会购买许多杧果制品，以解晕船之症。杧果还能滋润皮肤，是女士们的美容佳果。由于杧果集热带水果之精华，因此老百姓把它誉为“热带水果之王”。

贴心小提示

过敏体质的人要少吃杧果，如果吃，吃完后要及时清洗残留在嘴唇及周围皮肤上的杧果汁及肉，防止发生过敏反应。即使不是过敏体质，一口气吃完数个杧果也会有失声的感觉，这时候最好用淡盐水漱口。不要大量进食杧果，因为这样会给肾脏造成损害。

爱情之果

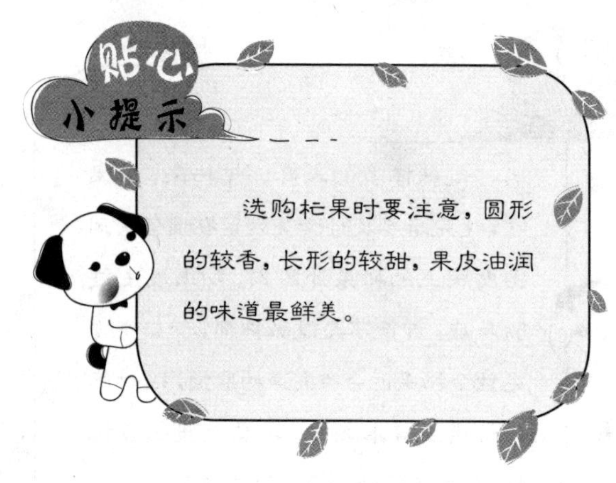

贴心
小提示
选购杧果时要注意，圆形的较香，长形的较甜，果皮油润的味道最鲜美。

印度有一株数千岁的杧果树，人们都称它为“杧果树的祖先”。每当杧果成熟的时候，男女老少都聚集在这棵树下庆祝丰收，年轻人唱歌跳舞，老人讲述着古老的传说。

在印度古老的神话中，传说有个勇敢英俊的王子，爱上了一个美丽善良的仙女，王子和仙女过得非常幸福。可是他们的爱情遭到了山神的反对，山神派将士去捉拿他们。勇敢的王子打退了无数将士，却没有挡住山上滚下的巨石，仙女的脚被压住了，王子想救出仙女，却失败了。后来仙女变成了一棵杧果树，用茂密的枝叶迎接太阳，结出幸福的果实。因此杧果象征幸福和爱情，被人们称为“爱情之果”。

印度人将杧果花看作是春天的灵魂，它的五片花瓣代表爱神的箭，那箭射中一个人的心，就会让他倾心于一个人。

直到今天，印度人仍然把杧果当作一种吉祥之果，用杧果做贡品、做菜，有的人还用新鲜的杧果树叶接来清水，在日出的时候洒在神龛前面。如果婚礼中没有杧果的装饰，会被认为这对新人的婚姻不圆满，婚后生活不会幸福。

中国的杧果是从印度传入的。最早向中国人介绍杧果的是唐朝的玄奘，并称它为“庵波罗果”。在公元632~645年间，一个叫文桑的中国人把杧果引种到印度以外的国家。

杨 梅

杨梅又名“朱红”“龙睛”，是杨梅科杨梅属常绿乔木，由于果形像水杨子，味道像梅子，故名“杨梅”。杨梅小枝比较粗壮，雌雄异株，叶为革质，穗状花序单独或数条丛生于叶腋。杨梅的果实为稍扁圆或圆形，有的品种具有缝合线。果实表面多为紫黑色或红色，也有白色品种。肉质柔软，汁多，味道酸甜。

杨梅鲜果中含磷、钙、钾、铁、镁、钠以及葡萄糖、多种有机酸、果糖等，维生素C的含量也非常丰富。杨梅性温，味甘酸，鲜果味酸，食之可增加胃中酸度，消化食物，促进食欲，生津止渴，是夏季祛暑良品，可以预防中暑，去痧，解除烦渴。杨梅汁液丰富，酸甜可口，是我国特产水果之一，在6～7月成熟，素有“初凝一颗值千金”之称。

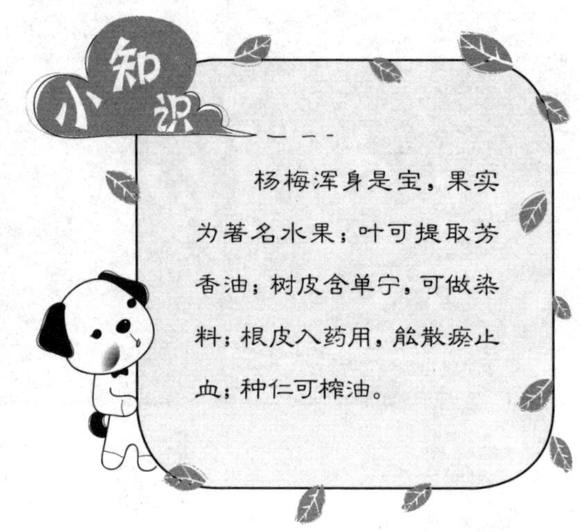

小知识
杨梅浑身是宝，果实为著名水果；叶可提取芳香油；树皮含单宁，可做染料；根皮入药用，能散瘀止血；种仁可榨油。

菠　萝

菠萝是凤梨科凤梨属多年生草本植物，矮生，高0.5~1米，无主根，具纤维质须根系。叶子呈剑状，有的品种叶子边缘有刺，有的品种则无刺。每株只在中心结一个果实，果实为椭圆形，和木瓜差不多大小。表皮长有很多黑色的菠萝钉，坚硬棘手，食用前必须把皮削掉。菠萝还有一个特点是果实的顶端有芽状体的冠芽，当冠芽长到一定的长度可以摘下来栽种，用来繁殖新株。

印第安人在长期栽培菠萝的过程中，进一步发展了菠萝的栽培技术和品种选育。在印第安人心目中，菠萝占有重要的地位，在古印第安人部族的宗教仪式上，祭祀菠萝女神的仪式十分隆重。穿戴美丽的菠萝女神，左手握着色彩艳丽，装饰有五片白色羽毛的盾牌，右手拿着绿色的菠萝叶片。人们穿着新衣，载歌载舞、敲锣打鼓地感谢大自然赐给他们丰富的果品和粮食。他们还把菠萝画挂在墙壁上，绣在纺织品上，刻在陶瓷上。

公元1505年，葡萄牙的一位航海家把菠萝带到了欧洲，引起了巨大轰动，从此，菠萝被视为奇珍异宝，

菠萝是人们喜爱的水果之一，但是如果食用不当，在食用后15～60分钟内，会出现腹痛、头晕、腹泻、呕吐、全身发痒、皮肤潮红、四肢及口舌发麻，严重的还可能出现呼吸困难甚至休克的症状，如果出现以上症状要立刻去医院。患有肾脏病、溃疡病、凝血功能障碍的人应禁食菠萝。

并出现在贵族的宴会上。1512年，一位法国大使送给英国国王查理二世一个菠萝，查理二世为此举行了一个别开生面的盛大菠萝宴会。在富丽堂皇的宫殿里，桌子上摆满了美味佳肴。一个金灿灿的菠萝摆在一个洁白的瓷盘里，放在查理二世面前。宴会开始了，国王端着菠萝环绕大厅，让贵宾一一品尝，宫殿里的其他水果顿时黯然失色。

18世纪末到19世纪初，古巴最著名的诗人曼努埃尔在他的《菠萝颂》中，把菠萝描绘成来自希腊神话中以宙斯为首的众神居住地的神果，是罗马神话中家室之神的水果袋中最上乘的仙品。

在18世纪末，古巴首都哈瓦那已经成为著名的殖民城市，各种建筑物拔地而起，更吸引人的是许多建筑物的门上以及室内屏风、地板、家具、窗幔、酒杯上都装饰有菠萝的图案。

在希腊神话中，丰饶角象征着丰足，里面装的是葡萄和苹果，一位有名的雕塑家在雕塑哈瓦那塑像时，居然在丰饶角中装上了菠萝，还放在了显著的位置。后来，菠萝还成了古巴的国果。

罐头之王

在春夏交替时，水果摊上都摆着菠萝，切开它就可以看到黄嫩嫩的果肉，非常诱人。轻轻咬一口，汁水慢慢流到心里，舌头上、嘴唇上沾满甜甜的汁水，越吃越想吃。

菠萝除了色、味俱佳外，营养也非常丰富，果肉中含有大量的蔗糖、还原糖、粗纤维、蛋白质、有机酸以及人体所必需的维生素C、硫氨酸、胡萝卜素等。

菠萝能防止皮肤干裂，能有效滋润皮肤和头发，还可以消除身体的紧张感并增强机体的免疫力。经常饮用新鲜的菠萝汁能降低老年斑的产生率，还有解渴、提高免疫力、保护肠道的功效。

菠萝除了可以鲜食，还可以做糖果、蜜饯、清凉饮料，还可以制成菠萝酒、菠萝沙拉、菠萝醋和酒精、乳酸、柠檬酸，以及加工成罐头，菠萝还有“罐头之王”的美称。

吃菠萝前，先用盐水泡一下

菠萝的果肉中含有不少有机酸，如柠檬酸、苹果酸等，另外还含有“菠萝酶”，这种酶能够分解蛋白质，对于我们的嘴唇和口腔黏膜有刺激作用，让我们有一种涩麻刺痛的感觉。食盐能抑制菠萝蛋白酶的活力，所以，我们在吃菠萝前，最好先用盐水泡上一段时间，这样就不会刺激口腔黏膜和嘴唇了，同时也会感到菠萝更甜了。

波罗蜜

波罗蜜又叫“树菠萝”“木菠萝”，是海南特产的一种桑科常绿乔木，在我国北方，很难看到这种树。波罗蜜是一种茎花植物，顾名思义就是在茎上开花的植物。它为什么会在茎上开花呢？

我们知道，一般树木的树干上都有很多的叶芽和花芽，在植物的生长过程中，有些叶芽和花芽不生长，就变成了隐芽，一旦顶端受到伤害或条件有利时，隐芽就能得到生长。波罗蜜就是一种有很多隐芽的植物，在热带高温潮湿的气候条件下，波罗蜜的花芽得到充分发展，从而有了茎花的特性。

热带水果皇后

我们在水果店里经常能看到波罗蜜，它的形状很像菠萝，大约有30厘米长，表

面有六角形的凸起物，芳香可口。

波罗蜜在每年春天开花，果实在6～7月成熟，果实比较大，重的达20～25千克。果肉中含有脂肪、糖分、蛋白质，味道甘甜。仁核内含有淀粉，可以吃，味道像板栗。果实内藏有无数金黄色的肉包，非常柔软，香味浓郁。有的年轻人约会前会将其放在嘴里咀嚼几下，来改变口腔异味。另外，波罗蜜还有健体益寿的作用，有“热带水果皇后”的美称。

无花果

无花果又叫“密果”“天生子”“文仙果”“奶浆果”等，是桑科落叶低矮木本植物无花果树的干燥花托。无花果树叶厚而大，而开的花很小，经常被枝叶掩盖，不仔细看很难发现，当果子悄悄露出来的时候，花早已脱落，所以人们以为它不开花就结果，因此称它为“无花果”。

无花果总轴的内壁上生长有许多绒毛状的小花，呈淡红色，上半部是雄花，下半部是雌花。这个总花轴的顶端向下凹了进去，长成了一个肉质空心圆球，圆球顶部还有一个小孔，无花果靠虫媒传粉。

在无花果开花的季节，有一种小虫子从小孔爬进去帮助它传粉。无花果有的品种里面有寄生蜂产的卵，随着幼果花序的不断长大，卵也孵化成小的寄生蜂爬了出来，它们在花里不停地绕，身上粘了好多花粉，然后从小孔飞出来飞到另一个无花

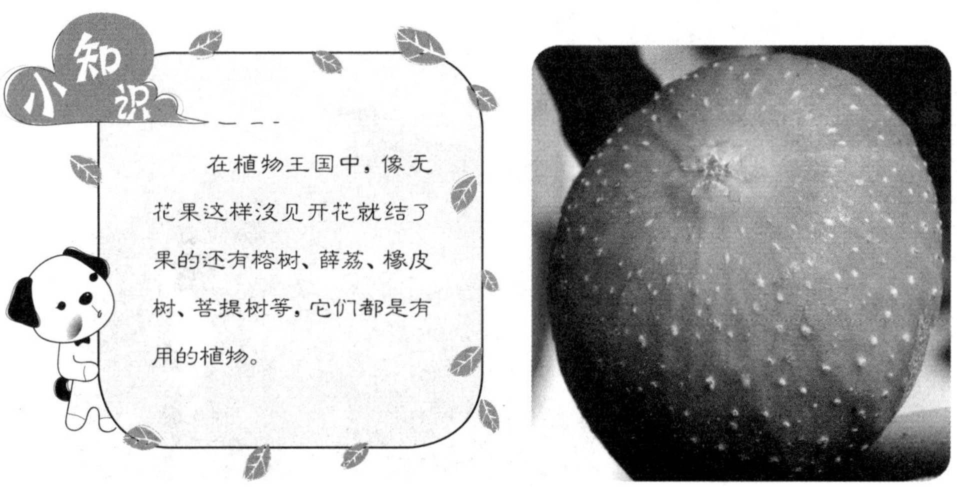

小知识
在植物王国中，像无花果这样没见开花就结了果的还有榕树、薜荔、橡皮树、菩提树等，它们都是有用的植物。

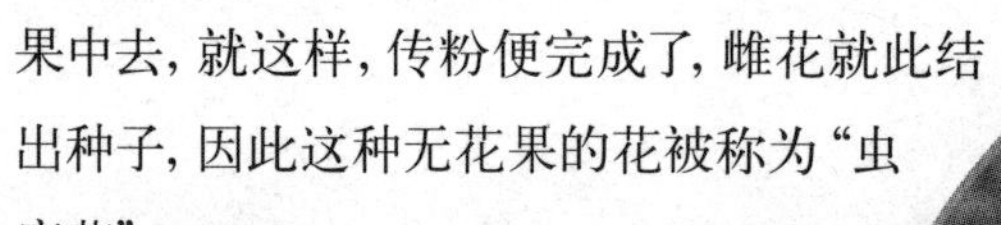

果中去，就这样，传粉便完成了，雌花就此结出种子，因此这种无花果的花被称为“虫瘿花”。

无花果的老家在西南亚的沙特阿拉伯、也门等地，大约在唐代传入中国，至今约有1 300多年了，目前属我国栽培面积最小的果树种类之一。

21世纪人类健康的守护神

我们吃的无花果并不是果实，而是膨大为肉球的花托。由于种子比较小，而且柔软，在生吃的时候常感觉不出来。无花果的味道非常鲜美，酷似香蕉，肉质松软，口味甘甜，具有很高的营养价值和药用价值。日本的很多无花果产品包装上都印有“美容”“健康食品”的宣传字样。

无花果最重要的药用价值表现在对癌症的抑制方面，且其抗癌功效也得到了

世界各国的公认，被誉为“21世纪人类健康的守护神”。它含有多种抗癌物质，是研究抗癌药物的重要原料。日本科学家从无花果汁中提取了补骨脂素、佛手柑内酯、苯甲醛等抗癌物质，这些物质对癌细胞能起到抑制的作用，尤其对胃癌的治疗效果更为显著。胃癌病人服用无花果提取液后，病情明显好转，镇痛效果也非常明显，无花果有望成为世界第一保健水果。

贴心小提示

无花果有滋阴养颜、润肠润肤、健脾的功效。无花果果干入药，能开胃止泻，是治疗吐血、喘咳和痔疮的良药。

梨

世界上哪个国家最早种植梨树？答案是中国。早在公元前1 000多年，我国就已经把野生梨树驯化为栽培梨树了，公元630年，唐代的玄奘就记述了梨从我国传入印度的情景。在1972年湖南长沙马王堆发掘出的古汉墓中，发现了保存完好的距今2 100多年的梨核，这是西汉时期长江各地栽培梨树的见证。

梨是蔷薇科落叶乔木或灌木，在果树栽培中，分为中国梨和西洋梨两大类。中国梨的栽培品种很多，分为白梨、沙梨、秋子梨三个系统。西洋梨原产欧洲东南部、中部以至中亚细亚等地。

我国的梨资源非常丰富，北方的鸭梨，有着金黄色的果皮，肉质细嫩，贮藏后香气诱人。山东的莱阳梨，果皮呈黄绿色，味甜多汁，以前是进贡佳品。安徽的砀山酥梨，果实个头大，味道浓香，闻名全国。北京的京白梨，果实为扁圆形，皮薄肉厚，小巧玲珑。

内热病人的最爱

古时候，梨被称为“宗果”，就是“百果之宗”的意思。因为梨汁多、味道甜，又被称为“玉乳”“蜜父”。

梨富含营养物质，自古以来就是广大群众喜爱的水果。据测定，梨含有85%左右的水分、6%～9.7%的果糖、1%～3.7%的葡萄糖、0.4%～2.6%的蔗糖。

我们平时吃梨的时候大多是鲜吃，但是在我国兰州，人们却把它们煮熟了吃，称为“热冬果”。在兰州的街头，常常能听到“热冬果”的叫卖声，买一碗熟梨加热汤，喝完以后顿时感觉浑身暖和，寒气全消。梨也可以加工成果汁、果酱和罐头，既别具风味，又能长时间储存。

此外，梨还可作药用，有润肺止咳、润喉生津、滋养肠胃等功效，最适宜冬春季节发热和有内热的人食用。《本草纲目》中记载，有一个人患了一种热病，当时

的名医都没有办法，他只能等待死亡的到来。一天，患者听说有一个道士医术高超，便向他求医。道士说："不用担心，你只要每天吃一个梨，病就会好。"一年以后，那个人的热病果然痊愈了。

此外，梨还有清热镇静、降低血压的作用。高血压病人，如果有心悸耳鸣、头晕目眩的症状，经常吃梨就会减轻。但是凡事都有个度，梨性寒，不能多食。特别是脾胃虚寒、消化不良的人，更要少吃。

荔 枝

有这样一个谜语，说是“红布包白布，白布包猪糕，猪糕包红枣”，打一水果。你知道是什么水果吗？谜底就是荔枝，它是我国南方出产的珍贵水果。宋代诗人苏东坡曾写下“日啖荔枝三百颗，不辞长作岭南人”的名句，表达了人们对荔枝的喜爱。

荔枝树高20米左右，花的颜色为绿白和淡黄色，有芳香。果实心形、卵形或近圆形，成熟以后果皮多为红色，有平滑或隆起的龟裂片。食用部分为假种皮形成的半透明果肉。种子呈棕褐色，椭圆形。

据说在公元前116年，汉武帝从现在的广东，将很多稀奇植物的苗种带回京城，其中就有荔枝树苗，汉武帝将荔枝树苗种在御花园里，并派人日夜守护。如果荔枝苗枯萎了，就把看护人杀掉，结果杀了十几个人，还是没种活荔枝。后来好多大臣都上奏皇上，说荔枝受区域气候条件的限制，无法在长江以北栽种成功，汉武帝才放弃了在京城栽种荔枝的念头。

但我国南方热带与亚热带地区，非常

适合荔枝生长。尤其是广东省，是我国荔枝栽培面积最大、产量最高的地区。

两千多年来，我国劳动人民用自己的智慧和勤劳培育出了无数优良的荔枝栽培品种。目前，主要优良品种有广州一带的妃子笑、糯米糍、白糖罂、大晶球、状元红、白蜡、大造、黑叶、香荔等几十个栽培品种。

我国广东的“增城挂绿”被誉为荔枝的极品，增城位于广州市郊，具备“天时、地利、人和”的优越条件，增城西园的千年挂绿古荔闻名中外，据说挂绿名字的由来，还有一段美丽的传说。说唐代有个何仙姑，一天晚上她从天上来到人间，游遍了名山大川，当她来到增城西园的时候，被荔枝园果实累累的景色迷住了，不禁发出声声赞美，于是就坐在荔枝树下绣起花来，在这美丽的景色里，何仙姑忘记了时间，不知不觉天已将近拂晓，她便匆匆离开了，留下一丝绿线挂在了树枝上，说也奇怪，从此这棵树结的果子就都有了绿色的丝痕，故名“挂绿”。挂绿荔枝，果蒂旁一边突起稍高的被称为“龙头”，一边突起稍低的被称为“凤尾”。果实成熟的时候，红绿相间，一条绿线直贯到底。

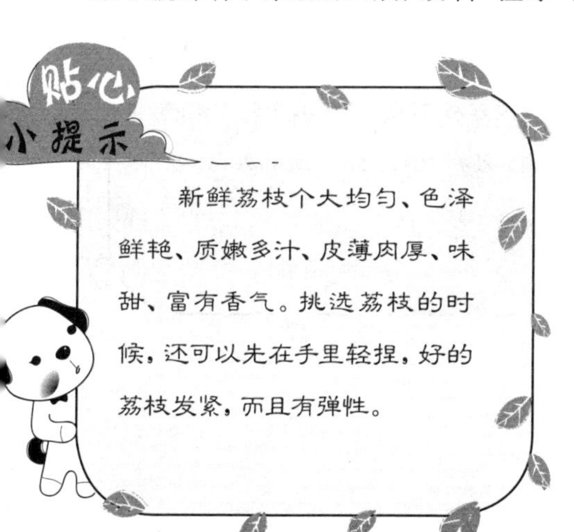

新鲜荔枝个大均匀、色泽鲜艳、质嫩多汁、皮薄肉厚、味甜、富有香气。挑选荔枝的时候，还可以先在手里轻捏，好的荔枝发紧，而且有弹性。

新鲜的荔枝，色、香、味俱佳，受到人们的喜爱。但是荔枝成熟后正值炎热的夏季，气温高，空气湿度大，因此荔枝极易腐烂，很难保存。所谓“一日色变，二日香变，三日味变，四五日外，色香味尽去矣”。

岭南佳果

荔枝是我国岭南佳果，驰名中外，有“果王”之称。荔枝果实营养非常丰富，含有大量的葡萄糖、蔗糖、维生素B_1、维生素B_2、铁和磷等，有补血养颜的功效。荔枝果肉中含有钾、美、铁、锌、钠等人体必不可少的微量元素。

病后身体比较虚弱的人，每天吃鲜果60~150克，半个月左右，可增加体力，荔枝对胃寒、贫血和口臭患者也有很好的作用。

荔枝性偏温热，不可一口气吃很多，尤其是小孩、老人和糖尿病患者们更应该少吃，吃多了会出现低血糖为主的“荔枝病”，严重的还会出现抽搐、昏迷等症状，这时候要立即送入医院。

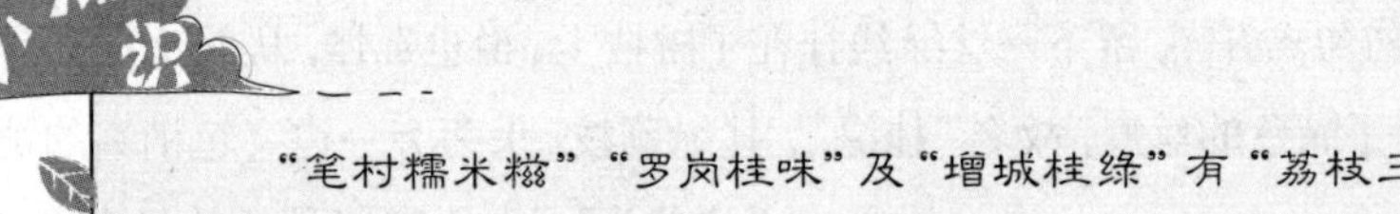

“笔村糯米糍”“罗岗桂味”及“增城桂绿”有“荔枝三杰”之称。

在广东地区流传一种说法：“一枝荔枝三把火”，本身火气大的人吃十来个荔枝就会有反应，要知道，荔枝是壮阳、补血的果品。有热症的人们，就只好忌忌口了。

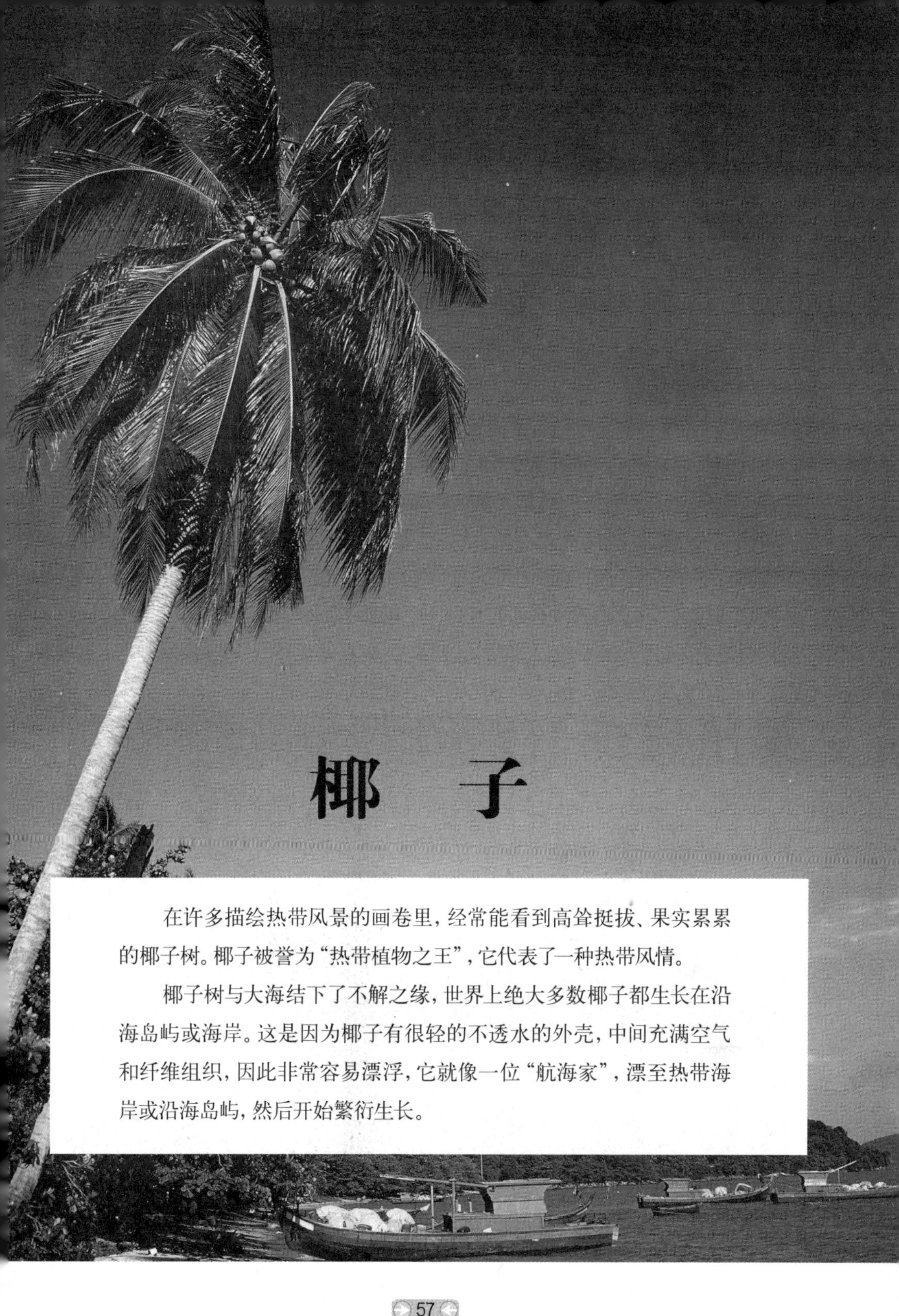

椰　子

在许多描绘热带风景的画卷里，经常能看到高耸挺拔、果实累累的椰子树。椰子被誉为“热带植物之王”，它代表了一种热带风情。

椰子树与大海结下了不解之缘，世界上绝大多数椰子都生长在沿海岛屿或海岸。这是因为椰子有很轻的不透水的外壳，中间充满空气和纤维组织，因此非常容易漂浮，它就像一位“航海家”，漂至热带海岸或沿海岛屿，然后开始繁衍生长。

椰子树起源于亚洲热带地区，考古学家在新西兰发现了距今100万年的椰子化石。大约在公元前2000年，新加坡、马来西亚以及太平洋的海岛上已经遍布茂密的椰子树林，人们依靠椰子作粮食并作其他用途。以后椰子传到印度以及非洲的埃塞俄比亚、肯尼亚，亚洲的菲律宾、泰国等地。

在海南岛你可以看到各种各样的椰子树。砂糖椰子汁非常甜，可以用来熬制砂糖和甜酒。油椰子果实含油量非常高，达到60%左右，是世界闻名的木本油料植物。象牙椰子可以用来磨制光亮的戒指、纽扣以及各种装饰品。西谷椰子含有大量的淀粉，每棵树一年可产100多千克淀粉，是主要的粮食来源。大王椰子树的形状像一个花瓶，非常好看，是南国著名的观赏树种。除此之外，还有笔椰子、水椰子、孔雀椰子、猩猩椰子等，数不胜数。

生命树

椰子又名“越子头”“胥余”“椰栗”“胥椰”等，是棕榈科植物椰子树的果实。

椰子的用途非常广泛，素有“宝树”“生命树”之称。椰子的果实越成熟，所含的脂肪和蛋白质就越多，其他南方水果无法与之比拟。椰子汁清如水，甜如蜜，是夏季清凉解渴的上好饮料，在鲜椰子上打一个洞，然后再插一根吸管，就可以尽情畅饮了。椰子肉芳香滑脆，类似核桃仁的味道，也可以把它加工成蜜饯、椰茸、椰丝食用。

椰子油无色透明，是营养价值非常高的植物油，在造纸、化学、纺织、制革等行业也有广泛的用途。椰子壳可以制成茶杯、茶壶、碗等工艺品。椰果外皮的椰棕，弹性很大，拉力强，可以制成刷子、绳索。椰子树干是很好的建筑材料。我国海南省是椰子的主要产地，云南西南部、广东湛江、台湾南部也种植椰树。在海南岛，椰林绵延数百千米，充满南国风情，是旅游的好去处。

贴心
小提示
椰子能滋润皮肤和头发，使头发光润不脱。

榴　梿

榴梿盛产于东南亚，是一种四季常绿乔木，树高可达25米左右，枝叶茂盛，树冠像一把遮天避日的大伞，叶子呈椭圆形，叶面比较油光，叶背长有鳞片，开很大的白花。果实大小如足球，果皮坚硬结实，密生三角形刺，果实成熟时为椭圆形或球形，一般不会裂开，不过也会有少数裂开的。它成熟时人在树下要特别小心，因为它的果实掉下来会扎伤人。

在东南亚，人们特别喜爱榴梿。特别是泰国人，它们常常被榴梿独特的“香味”所吸引。泰国流行“典纱笼，买榴梿，榴梿红，衣箱空”，意思就是把衣箱里的衣服卖了也要吃榴梿，还有“当了老婆吃榴梿”的谚语，这些充分体现了泰国人民对榴梿的喜爱。

为什么叫它榴梿

传说明代时郑和下西洋，船员中有些人非常思念家乡。到了马来群岛，郑和就劝它们多吃榴梿，这些人吃的时间久了，就上了瘾，因此有了乐不思蜀的感觉，慢慢的就不那么思念家乡了，后来人们为这种果子取名为“榴梿”，意思是让人“流连忘返”。

榴梿的味道

现代小说家郁达夫曾写过一部《南洋游记》，里面写道："榴梿有如臭乳酪与洋葱混合的臭气，又有类似松节油的香味，真是又臭又香又好吃。"

大家会觉得奇怪，"又臭又香又好吃"是什么意思？榴梿的味道颇具争议，有人赞美它"滑似奶膏，齿颊留香"，让人垂涎欲滴；不喜欢的人讨厌它的味道，说它臭如猫屎，唯恐避之不及。真是泾渭分明，如此极端的评价，让榴梿多了些许神秘。由于它的味道奇特，所以飞机上不准许旅客携带它。

其实，榴梿从树上自然脱落者为佳，不过也要在三天内吃完。泰国有好的榴梿品种，它的果肉不发黏，气味很少，吃起来比较甜，并且没有种子。这也许会为厌恶榴梿味道的人提供一个品尝的机会。榴梿的价格在水果中算是比较贵的了，因此被人们称为"富人的食物"。

一只榴梿三只鸡

榴梿的营养非常丰富，果肉中含13%的糖分、11%的淀粉、3%的蛋白质，还含有多种维生素等。民间有谚语："一只榴梿三只鸡"，人生病后、产后常用它来补身子。但它也不是适宜每个人，感冒的时候就要少吃，高血压、糖尿病患者不宜食用。

榴梿的果肉除了鲜食以外，还可以制成果糕、果酱，或油煎、或糖渍、或发酵，都别具风味。它又可作药用，主治心腹冷气和暴痢。榴梿的种子有鸟蛋那么大，煮熟了吃像芋头，也可以炒着吃。

吃多了会上火

榴梿虽然好吃，但一次也不能吃太多，吃多了会上火。像其他热带水果一样，榴梿自身具有对立的功效。果肉内含火气，过量食用，会流鼻血，但是，榴梿壳煎淡盐水服用，可以降火解滞。

如果吃多了榴梿，可以吃几个山竹，山竹能够清热去火。

樱 桃

樱桃花

早春，在其他花儿还在酝酿花蕾的时候，樱桃花已经开放了，一簇簇、一团团，开得红红火火，煞是好看！

看到早春的樱桃花，李白对妻子的思念涌上心头，随即写下了《久别离》：“别来几春未还家，玉窗五见樱桃花。况有锦字书，开缄使人嗟。至此肠断彼心绝。云鬟绿鬓罢梳结，愁如回飙乱白雪。去年寄书报阳台，今年寄书重相催。东风兮东风，为我吹行云使西来。待来竟不来，落花寂寂委青苔。”李白在外游荡，家中的樱桃花已经开了五次了，他还没有回来过，虽然给妻子写了信，但是妻子看完信后更加忧伤，忧思得心肠都快要断了。李白想象到，妻子梳好云鬟后守在窗前，心中愁绪就像雪花在空中飘舞，说好去年就回家团聚的，到现在都没来得及回去，那情景就如同静静的落花加上幽幽的青苔，真让人难受！

写完这首诗后，李白推掉了手中所有的事情，立刻回家与妻子团聚。

春果第一枝

樱桃花美果也美，成熟的时候，果实的光辉竟盖过绿叶，近看或星星点点，或串串簇簇，颗粒玲珑如珍珠，色泽鲜红似玛瑙，真是让人垂涎三尺，吃一颗酸甜宜人，让人恨不得一把一把地吃掉它。

因为樱桃是最先成熟的水果之一，因此有“春果第一枝”的美誉。樱桃味道鲜美，不仅极受人们的喜爱还富含大量的维生素C，常用樱桃汁涂抹面部，会让皮肤红润嫩白，祛皱祛斑，是女性的美容佳品。

樱桃的名字是由“莺桃”转化而来的，那又为什么叫“莺桃”呢？这是因为莺鸟喜欢吃。《说文解字》上记载：“莺桃，莺鸟所含食，故又名含桃。”

樱桃在我国栽培历史悠久，在河南新郑市裴李岗新石器时代的遗址中，就曾发现人们吃剩的樱桃核。古代人把樱桃叫作“含桃”，据《礼记·月令篇》记载：“羞似含桃，先荐寝庙”，这说明在周代，人们已经开始用樱桃作为祭祀宗庙的果品了。

水果中的钻石

樱桃被誉为“水果中的钻石”，因为它具有非凡的营养价值，对关节炎、痛风等疾病有着特殊的食疗效果，是一种好吃且无副作用的天然药物。中医古著《名医别录》中有记载：“吃樱桃，令人好颜色，美志。”樱桃中含有丰富的维生素A、B、C及蛋白质，还有磷、钾、铁等矿物质以及多种生物素，高纤维，低热量。樱桃的含铁量比苹果高20~30倍，位居水果之首，经常食用能促进血红蛋白再生，养血补血，使人面色红润。维生素A的含量比葡萄高40倍，特别是维生素C的含量高得超乎人的想象，是一种既好吃又好看、养颜又养生的水果。

据最新研究发现，樱桃除了含有丰富的维生素外，还含有花青素、红色素、花色素等多种生物素，这些生物素的药用价值很高。一来它们是很好的抗氧化剂，比维生素E的抗衰老效果更显著。二来它们可以促进血液循环，有助于尿酸的排泄，能缓解因关节炎、痛风所引起的不适，其止痛效果比阿司匹林还要好。关节炎、痛风病人最好每天吃20颗樱桃。

小知识

樱桃成熟后要马上采摘，否则风一吹，就会竞相飘落。白居易曾写道：“含桃最说出东吴，香色鲜浓气味殊。洽恰举头千万颗，婆娑拂面两三株。鸟偷飞处衔将火，人摘争时蹋破珠。可惜风吹兼雨打，明朝后日即应无。”——《吴樱桃》

这首诗的主要意思是樱桃虽然结了千万颗，但是鸟儿吃，人们争相采摘，再加上风吹雨打，树上很快就没有了。

葡　萄

葡萄古称“蒲陶”，是落叶藤本植物，是世界上最古老的植物之一。茎蔓长10~20米，花为黄绿色，较小。果实因为品种不同，颜色各异，有青、红、白、紫、黑等颜色。果实在8~10月成熟。

据记载，小亚细亚里海和黑海之间及其南岸地区最早开始栽培葡萄。大约在7 000年以前，南高加索、叙利亚、中亚细亚、伊拉克等地区也开始栽培葡萄。

汉代张骞出使西域时，由中亚经丝绸之路把葡萄引进我国，故我国栽种葡萄已有2 000多年的历史。葡萄名列世界四大水果之首，历来被视为珍果。我国长江以北地区均有栽培，尤其是新疆的葡萄，味甘品优，闻名遐迩。

葡萄果实晶莹剔透，玲珑可爱，累累成穗，令人垂涎欲滴，是人们喜爱的水果之一。

葡萄除了味美，还有很高的营养价值。每100克葡萄含水分87.9克、碳水化合物8.2克、粗纤维2.6克、脂肪0.6克、蛋白质0.4克、铁0.8毫克、磷7.0毫克、钙4.0毫克，并含有烟酸、维生素P、维生素B_1、维生素B_2、维生素C、胡萝卜素等，此外，还含有人体所需的十多种氨基酸及多量果酸。因此，常食葡萄，对过度疲劳和神经衰弱均有补益作用。

葡萄除供鲜食外，还可制作葡萄干、葡萄汁、葡萄酒和罐头等。也可成为羹、粥、茶、菜肴等食谱的原料。

新疆葡萄干

新疆葡萄干是精选吐鲁番无核葡萄，经纯天然风干而成的。色泽纯正，风味独特。营养丰富，含有天然果糖、纤维素、维生素、蛋白质以及钾、铁、磷、钙、镁等营养成分。此外，葡萄干中还含有一种特殊的抗癌物质，是一种多用途的纯天然健康食品。

以吐鲁番自然风干的无核葡萄干、脱脂奶粉、酸奶粉等为主要原料，经科学配方而制成酸奶葡萄干，香味适中、酸甜爽口。其外观乳白光亮，是一种低脂肪、高营养、老幼皆宜的开胃保健营养品。

用吐鲁番地区特产的葡萄干，加入优质可可脂、可可粉、脱脂奶粉等上等原料制成的巧克力葡萄干，色香味美，既有葡萄干甜细柔软的果香，又具巧克力香甜爽口的香味，味道适中。

葡萄对癌症的神奇功效

葡萄对癌肿有神奇的疗效。美国一名住在加利福尼亚的中年妇女，处在大肠癌和胃癌病痛折磨的死亡线上，每天呕吐不止，已经没有办法治疗了。医生建议摄入少量的葡萄。结果奇迹出现了，在24小时内妇女停止呕吐，激烈僵直的状态缓和了。而后，把毛巾用掺水的葡萄汁溶液浸过后，敷在妇女肿大的腿部，使毛孔张开，1~2天腿肿也消除了。

学者认为，癌症是由血液污染引起的，只要血液洁净，任何疾病都不会发展为癌症。葡萄之所以能对抗癌症，是因为葡萄能净化血液，并把血液污染物转移到排泄器官上，通过轻微腹泻排出体外，从而起到净化血液的作用。

肝炎患者的食疗佳果

葡萄中含有天然聚合苯酚，能与病毒或细菌中的蛋白质化合，使其失去传染疾病的能力。葡萄中，钠含量低，富含钾盐，有利尿作用。它含丰富的葡萄糖及多种维生素，对保护肝脏、改善食欲、减轻下肢水肿和腹水的效果明显，还能提高血浆白蛋白，降低转氨酶。葡萄中的氨基酸、有机酸、葡萄糖、维生素的含量很丰富，对大脑神经有兴奋和补益作用，对肝炎患者缓解疲劳有一定效果。多数肝炎患者

食欲差，葡萄含大量果酸能帮助消化，增强食欲。

三国时期，曹丕曾这样赞美葡萄："甘而不黏，脆而不酸，冷而不寒。味长多汁，除烦解渴……"葡萄中的单糖不仅可以促进消化，还有保肝的功效，是肝炎患者的食疗佳果。

滋补佳品葡萄干

葡萄经阴凉风干，制成葡萄干，由于除去了水分，葡萄干中铁质和糖的含量相对增加，是妇女、儿童及体弱贫血者的滋补佳品；蛋白质的成分中谷氨酸的含量也相对提高了，谷氨酸是重要的健脑成分；再就是具有较强的促进食欲作用的有机酸的含量也相对提高了。

葡萄干为营养食品，有益气、健胃、滋养功能，适于虚弱体质者食用，能开胃增进食欲，并有止呕、补虚、镇痛的功效。

喝葡萄酒延缓衰老

金属在大自然中会逐渐"氧化"。人体和金属一样，也会被"氧化"。金属氧化是铜生铜绿，铁生黄锈。那人体"氧化"会怎样呢？不用着急，我们先找出罪魁祸首，然后就知道会怎样了。

人体氧化的罪魁祸首是一种细胞核外含不成对电子的活性基因，它就是氧自由基。这种不成对的电子很易引起化学反应，损害脱氧核糖核酸、脂质和蛋白质等重要生物分子，进而影响细胞膜转运过程，使各器官、组织的功能受损，促使机体老化。知道了罪魁祸首，也知道了它对人体的影响，接下来要做的就是如何减少和改变这种影响了。

红葡萄酒中含有较多的抗氧化剂，如鞣酸、酚化物、维生素C、维生素E、黄酮类物质、微量元素锰、锌、硒等，能消除或对抗氧自由基，所以，具有抗老防病的作

用。据统计表明，在葡萄酒盛产区域生活的人们，由于经常饮用葡萄酒，所以平均寿命比较长。

吃葡萄不吐籽

法国波尔多大学的一位博士研究发现，葡萄籽中含有丰富的抗衰老、抗氧化的物质，它的功效比维生素E、维生素C高数十倍。而且葡萄籽进入人体后，很容易被吸收，在人体内有85%的生物利用性。对延缓皮肤衰老、增强人体免疫力的效果甚佳。

众所周知，葡萄肉鲜嫩味美、营养丰富，属水果之佳品。然而它的籽、皮连同叶、梗同样有益健康，不要轻易丢弃。在法国有这样一种说法：葡萄是大自然为人们的健康和美丽献上的一份厚礼。

在法国药房里，人们能够买到干燥后的红葡萄叶。这并不是什么特殊的葡萄叶，就是秋天由绿变红的葡萄叶。红葡萄叶对治疗痔疮、毛细血管脆弱、静脉曲张、腿部肿胀有很好的疗效。由于红葡萄叶中含有抗自由基的成分，既能补充维生素P，又能清理血管壁上的油脂。把买来的干红葡萄叶磨成粉状，吃饭时记得吃就行了，非常简单。

葡萄的选购

购买葡萄时，首先要认准品种，除此之外，还要保证果实达到该品种的成熟色泽，没有青粒，没有裂果，果实、果梗新鲜。用手提着果梗轻轻抖动，很少有果粒掉落，皮色光亮无斑痕，果粉完整，说明果实比较新鲜。反之，果梗黑枯，抖动果穗，大多数果粒掉落，果皮萎暗或有褐斑，果粉残缺，说明果实已经不新鲜了，最好不要买。

健康红绿灯

吃完葡萄后，不要立即喝水，否则会引起腹泻。吃葡萄时，最好连皮一起吃，因为葡萄皮含有很多的营养素。葡萄汁的功能和葡萄皮相比，差之千里。因此，要记住一句非常有道理的话："吃葡萄不吐葡萄皮"。

由于葡萄的含糖量很高，所以糖尿病人应特别注意，不要吃葡萄。吃完葡萄后，不要马上吃水产品，最少要隔4小时再吃，因为葡萄中含有鞣酸，它会与水产品中的钙质形成难以吸收的物质，影响身体健康。

木　瓜

木瓜花在春夏之交开放，花有红、白两色，色香兼备，美丽如海棠。古代的官宦人家喜欢把它栽于庭院，为庭院增添几分高贵和优雅。

木瓜果在秋天成熟，呈椭圆形，成熟以后果皮淡黄，泛着一些青色。它的味道酸甜宜人，香气非常浓郁。

木瓜在中国已有近3 000年的种植历史，并且历来被人们所珍爱，《诗经·卫风》有："投我以木瓜，报之以琼琚。匪报也，永以为好也!"

人们喜爱木瓜的其中一个原因就是木瓜气味芳香，放在室内，幽香不断，让人心平气和、头脑清醒、愉悦舒坦。南宋诗人陆游曾这样赞叹木瓜的芳香："宣城绣瓜有奇香，偶得并蒂置枕傍。六根互用亦何常，我以鼻嗅代舌尝。"宣城的木瓜香味比较独特，后来被引入其他地方种植，因此人们也称木瓜为"宣木瓜"，宣木瓜

还曾被列为皇家贡品。

在《红楼梦》中，姑娘们的房间里就常放木瓜，在第六十七回中，紫鹃对宝玉说："姑娘让把鼎放在桌上，说要点香，我们姑娘素日屋内除摆新鲜木瓜之类，又不大喜熏衣服。就是点香，也当点在常坐卧的地方儿。难道是老婆子们把屋子熏臭了，要拿香熏熏不成？究竟连我也不知为什么。二爷白瞧瞧去。"

木瓜除了闻香以外，还是重要的药材。它主治肢体酸重、风湿痹痛、脚气水肿。古人称它为"一切腿痛转筋的要药"。

番木瓜

现在，很多人都把木瓜和南方种植的番木瓜混淆了，番木瓜来自美洲，在中国种植的时间很短，只有200多年，由于它样子像木瓜，因此被称为“番木瓜”。番木瓜成熟时为橙黄色，味道香甜。而木瓜味道酸甜，质坚实，吃起来有木渣感，因此被称为“木瓜”。木瓜和番木瓜是两种完全不同的植物。

木瓜现在多作药用，而作为水果食用的实际是番木瓜，又名“番瓜”“乳瓜”。果皮光滑美观，果肉厚实细致、汁水丰富、香气浓郁、营养丰富、甜美可口，有“水果之皇”“百益水果”“万寿瓜”之雅称，是岭南四大名果之一。番木瓜富含17种以上氨基酸及铁、钙等，还含有番木瓜碱、木瓜蛋白酶等。其维生素C的含量非常高，是苹果的48倍，食用半个中等大小的番木瓜足供成人一整天所需的维生素C。在中国，番木瓜素有“万寿果”

之称，顾名思义，多吃可延年益寿。

第一丰胸良药

番木瓜有乌发、护肤美容的功效，常食用可使皮肤柔嫩、光洁、细腻、面色红润、皱纹减少。自古以来番木瓜就是“第一丰胸良药”，番木瓜中含有丰富的木瓜蛋白酶，对乳腺发育非常有益，从而达到丰胸的目的。木瓜蛋白酶，它不仅可以分解糖类、蛋白质，还能分解脂肪，缩小肥大细胞，促进新陈代谢，把体内多余的脂肪排出体外，去除赘肉，从而达到减肥的目的。另外，番木瓜还可以坚固指甲。

贴心小提示

番木瓜可以生吃，也可和肉类、蔬菜一起炖煮。需要注意的是番木瓜中含有番木瓜碱，它对人体有微毒，因此，一次不要吃太多的木瓜，还有就是怀孕时不能吃木瓜。

石 榴

老北京有三样很普遍的东西，那就是花盆、鱼缸和石榴树，由此可见北京居民对石榴树的喜爱。石榴属于安石榴科，原产西域，汉代时传入中国。主要品种有粉皮石榴、玛瑙石榴、青皮石榴等。

每年的农历五月，石榴花开放，在绿叶的衬托下，显得更加红艳。唐代的韩愈曾经这样描写石榴花："五月榴花照眼明"。白居易也曾感叹像芍药、芙蓉这样美丽的花，在石榴花面前都逊色了，由此可以看出人们对石榴花的喜爱。

石榴花如此美丽，也受到了女人们的喜爱。唐代的时候，女人们都在石榴花开放的时节，将它戴在头上，显得更加美丽。

在古代，石榴花汁还被用来做颜料，用来染衣物或是做胭脂。唐代妇女都喜欢穿红裙子，因形状像石榴花，又用石榴花汁染成，因此被称为"石榴裙"。红裙舞动起来，像飘逸的火焰，烧得人心情澎湃，男人怎能不为之心动?

杨玉环在宴会上特别喜欢穿裙子，娇艳的罗裙加上粉红色的脸，让她更加妩媚动人，唐明皇特别喜欢此时的她，京剧《贵妃醉酒》讲的就是这一情节。

在一次宴会上，唐明皇让杨玉环

弹曲助兴，杨玉环弹到最精彩的时候，琴弦突然断了。唐明皇赶忙问其原因，杨玉环说，这是因为听曲的人，对她不恭敬，不施礼，司曲之神替她鸣不平，所以才断弦。于是，唐明皇下令，以后无论将相大臣，见到贵妃都要行礼，否则杀无赦。席间，大臣们都诚惶诚恐地跪拜在杨玉环跟前，回去以后，大臣们私底下都以“拜倒在石榴裙下”解嘲。传到民间以后，就成了男人为女人倾倒的俗语。

喜庆水果

石榴成熟以后，皮为鲜红色或粉红色，常分裂开，露出晶莹剔透如宝石般的籽粒，宛如颗颗玛瑙一般，特别惹人喜爱。味道酸甜多汁，令人回味无穷。

古人在石榴歌中唱道：“萧娘初嫁嗜甘酸，嚼破水晶千万粒。”出嫁的女子非常喜欢吃酸甜的石榴，吃石榴就像咬破粒粒晶冰，形容得既贴切又美妙！

由于石榴色彩鲜艳，籽多饱满，常作为喜庆水果，象征着多子多福、人丁兴旺。我国民间有以石榴图案祝子孙繁盛的习俗。比如人们常用“连着枝叶、切开一个角、露出粒粒石榴籽”的图案，称为“榴开百子”，是新婚时床单、枕头上的常见图案。

石榴能醒酒

晋朝潘岳在《石榴赋》中就说它“御饥疗渴，解醒止醉”。石榴有醒酒的功效，古人常在酒宴过后，用石榴款待客人。

石榴还有很高的药用价值，花、果皮、根都可入药，花可以缓解腹泻；果皮可以预防便血、腹泻、腹痛；根有驱虫的功效。

姻缘不断的象征——石榴

在古代神话中，珀尔赛福涅是农神德墨特尔的女儿，后来被冥王哈得斯掳去当冥后。失去爱女的农神，非常悲痛，不再赐给人间谷物收成，人类濒于绝灭。于是主神宙斯下令让冥王将珀尔赛福涅还给她的母亲。冥王害怕从此以后再也见不到珀尔赛福涅，就强迫她吃下了四粒象征姻缘不断的石榴籽，并且必须在冥界住四个月，这四个月就是人间的冬季。

珀尔赛福涅回到母亲的身边，大地便重新结出了果实。

贴心
小提示
怎样才能长时间的贮存石榴呢？告诉你一个小窍门，把石榴放入聚乙烯塑料薄膜袋中，扎好袋口，放置在阴凉的室内，可以储存140天左右。

桑葚

中国人食用桑葚的历史悠久，考古发现，中国人在距今5 000~6 000年前的新石器时代就已经种桑养蚕了。3 000多年前的甲骨文中多次提到了祭祀蚕神，人们开始用桑叶养蚕时就已经开始食用桑葚了。

桑葚被当作美好之物多次出现在先秦的典籍里，甚至认为吃了桑葚，人会变得善良。在《诗经·鲁颂·泮水》中写道："翩彼飞鸮，集于泮林，食我桑黮，怀我好音。"在古代飞鸮指的是猫头鹰，人们认为它的叫声是不吉祥的象征。该诗句的意思是：猫头鹰吃了桑葚以后，声音变得柔和了，好听多了。后来人们就以"食葚"来比喻人感于恩情而变得善良。

同在《诗经·国风·卫风·氓》中，桑葚却有另一种含义。这首诗歌的大体意思是：女子与男子成了婚，成婚之前男子对女子信誓旦旦，甜言蜜语，结婚以后，男子背叛了誓言，对女子非常粗暴，女子痛心不已。女子说道："桑之未落，其叶沃若。于嗟鸠兮，无食桑葚。于嗟女兮，无与士耽。士之耽兮，犹可说也；女之耽兮，不可说也。"这段话的意思是：桑树还没落叶的时候，它的叶子新鲜润泽。唉，斑鸠啊，不要贪吃桑葚！唉，姑娘啊，不要沉溺于男子的爱情中。男子沉溺在爱情里，还可以脱身。姑娘沉溺在爱情里，就无法摆脱了。

美丽的江南有采菱女、采莲女，也有采桑女。她们带着剪刀，为蚕宝宝准备粮食，为小孩子摘取美味的桑葚。她们拥有鸟儿般的动听歌声，她们那优雅的身姿更让人迷恋!

民间圣果

桑葚又叫“桑实”“桑果”“桑枣”等。在2 000多年以前，桑葚就是宫廷御用的补品。由于桑树生长环境特殊，使得桑葚具有天然生长、无污染的特点，所以桑葚被称为“民间圣果”。

桑葚酸甜可口，快要成熟的桑葚，样子非常好看，红润诱人，但是吃起来很酸。真正成熟的桑葚，紫中透黑，黑中透亮。采摘成熟的桑葚，一定要小心，要掐住根蒂，不能碰其他部分，因为只要你一用力，它就会破碎，里面的汁液顿时会让你的手变成紫红色。

健康红绿灯

桑葚中含有很多胰蛋白酶抑制物，会影响人体对钙、铁、锌等物质的吸收，因此，儿童最好少吃桑葚。成人也不能过食，因为它还含有溶血性过敏物质及透明质酸，过量食用容易导致溶血性肠炎。

小知识

桑葚含有丰富的氨基酸、维生素、胡萝卜素、活性蛋白、矿物质等成分，具有多种功效，被誉为“21世纪的最佳保健果品”。常吃桑葚可以提高人体的免疫力，使皮肤嫩白，并能延缓衰老，还可以明目，缓解眼睛干涩、疲劳的症状。桑葚能促进血红细胞的生长，防止白细胞减少，并对治疗贫血、糖尿病、高血脂、高血压、神经衰弱、冠心病等病症具有辅助功效。桑葚具有促进消化、帮助排便、生津止渴等作用，适量食用可以解除燥热。现在人们提倡的吃黑色保健食品，桑葚就是其中之一。

枸杞子

要想眼睛亮，常喝枸杞汤

枸杞子又称“红耳坠”“枸棘”“却老子”等，为茄科小灌木枸杞的成熟籽实。它既可作为坚果食用，又是一味功效卓著的传统中药材，自古以来就是滋补的上品。俗语说：“要想眼睛亮，常喝枸杞汤”。由此可以看出枸杞可以明目，所以老百姓称其为“明眼草籽”。

延长青春的佳品

由于枸杞子具有可以提高皮肤吸收养分的能力，还能起到美白的效果，因此，人们常用枸杞来美容。

枸杞子含有丰富的维生素C、胡萝卜素、维生素B族、维生素E、亚油酸、多种氨基酸、甜菜碱、钾、铁、钙、锌、磷、硒等多种美颜润肤成分。现代医学研究发现，枸杞子能增强机体抵抗力，增强机体免疫功能，促进细胞新生，降低血中胆固醇含量，抗动脉硬化，改善皮肤弹性，延缓皮肤皱纹，抗脏器及皮肤衰老等。常服枸杞子，能使人须发黑亮，面色红润，美肤益颜，延缓衰老及提高性功能。

因此，枸杞子是延长青春的佳品。

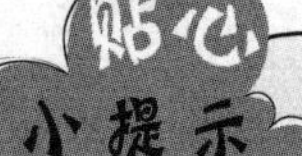

如果枸杞已经有酒味，说明已经变质了，不要再食用。枸杞一年四季都可服用，夏季泡茶，冬季煮粥。

枸杞的性质比较温和，食用稍多无大碍，不过凡事都有个度，若是毫无节制，会令人“上火”。实际上，枸杞一般不要和过多药性温热的补品如红参、大枣、桂圆等一起食用。

花 生

花生又叫“落花生”。历史上曾叫“地豆”“地果”唐人豆”“落地松”“落花参”“番豆无花果”“长寿果”。由于花生具有很好的滋补效果，有助于延年益寿，因此民间又称其为“长生果”。

花生的原产地是美洲，在15世纪西班牙和葡萄牙移民者到达美洲之前，花生就已经成为那里人们的主要食物之一，并且被阿兹特克人种植。明朝中叶，花生传入我国。清代的李调元这样描述花生：“落花生，草本蔓生，种者以沙压横枝，蔓上开花。花吐成丝，而不能成荚。其荚乃别生根茎间，掘沙取之，壳长寸许，皱纹有实三四，状蚕豆，味甘似清，微有参气，亦名落花参。”

植物肉

花生还有“植物肉”的美誉，它的营养价值之高，就连被称为高级营养品的牛奶、鸡蛋、肉类等，在它面前也甘拜下风。花生种子的含油量达

45%～55%，少数品种高达60%左右。花生的蛋白质含量也非常高，约为30%，是玉米的2.5倍，小麦的2倍，大米的3倍，除了大豆，没有一种粮食能比得上它。而且花生中的蛋白质极易被人体吸收，吸收率高达90%。

此外，花生还含有钙、磷、铁、维生素A、B、E、K以及脂肪酸、卵磷脂和精氨酸等营养物质。

花生的营养成分既丰富又全面，生食、煮食、炒食都可以。炒出的花生特别香，吃到嘴里香味久久不能散去，北方的炒花生较多，南方都是先把花生煮熟，然后烘干。煮花生的时候会放进各种香料，让花生有不同的口味，比如蒜香味的、五香味的。也有不加任何调味品的煮花生，有些人喜欢淡淡的风味，而不喜欢浓烈的气味，这种煮花生正好迎合了他们的口味，受到他们的欢迎。

用途多多的花生

花生榨出的油，淡黄透明、色泽清亮、气味芳香，是一种比较容易消化的优质食用油。花生油含有很高的不饱和脂肪酸，是营养健康的食用油。除食用外，花生油在造纸、印染工业可作乳

化剂，在机械制造工业上用作淬火剂，在纺织工业上可用作润滑剂。

榨油后的花生饼可以加工成脱脂蛋白粉，制成花生蛋白肉。花生的种子可以加工成花生酥、花生糖以及花生酱。花生壳可作黏胶的原料，经处理得到醋石、醋酸等产品。茎叶是优质的饲料。

花生也有一定的药用价值，中医认为花生适用于脾胃失调、营养不良、乳汁缺少、咳嗽痰喘等症。花生油对小儿单纯性消化不良有一定的疗效，并有止咳祛痰的作用。花生衣、叶子、壳都可以作药用。

健康红绿灯

花生虽然好吃，但是容易受潮霉变，产生具有很强致癌性的黄曲霉菌毒素。黄曲霉菌毒素可引起中毒性肝炎、肝硬化、肝癌。这种毒素耐高温，煎、炒、炸等烹饪方法都分解不了它。千万记住不要吃霉变的花生。

不过需要注意的是，即使有的花生没有发霉，但是在生长过程中也有可能已经感染黄曲霉菌毒素。不过不用担心，黄曲霉菌毒素具有水溶性，如果煮着吃，基本上能把黄曲霉菌毒素滤掉，

所以花生还是煮着吃最安全，也容易消化，营养素的损失也小。

小知识

不只是中国人喜欢花生，带壳的花生在西方也很受欢迎。欧洲的一些国家，喜欢在过圣诞节的时候，将花生作为一种吉祥物挂在松柏树上，或者作为礼物相互赠送。老舍先生曾经回忆在英国游学的经历时，写下了一篇关于花生的文章。他说英国人称花生为“猴豆”，并且非常喜欢吃。他们嘴里说花生是猴子爱吃的东西，但是在平时他们却常常往自己嘴里填。一个英国的女孩要来中国，害怕中国没有花生，就把旅行箱里所有有空隙的地方都装满花生。可见，西方人也特别喜欢花生。

栗　子

《列子》中记载了狙公用栗子喂猴子的典故，非常有趣。狙公非常喜欢猴子，花了很多钱买了很多猴子。后来，狙公家里变穷了，他就对猴子们说："以后我只能早晨给你们吃三个栗子，晚上吃四个栗子。"这就是成语"朝三暮四"的由来。猴子们听了很不高兴，狙公马上又说："那好吧，我早晨给你们四个栗子吃，晚上三个栗子。"猴子听了以后，非常高兴地答应了。后来人们就用"朝三暮四"来形容那些变化很快、反复无常的人。

你知道栗树的故乡在哪里吗？答案是中国。南京博物院里陈列着距今3 600年前用来烧陶和炼铁的栗碳。科学家还在陕西挖出了距今6 000多年前的栗果化石。栗子在种下5～8年后开始结果，果期很长，可以超过100年，有的甚至长达300～400年。

国外也有栗树的栽培与分布，但是栗子的色、形、味都没有中国的好。据说，在欧洲地中海西西里岛的一座火山下面，有一颗超过千年的古栗树，树干粗50多米，要30多人才能合抱，树高数十米。树干的基部有一个洞，采栗子的人可以在里面休息。有一个皇后来这里游玩，天忽然下起了暴雨，于是皇后和随从，共有100多人急忙躲进树洞里面避雨，雨过天晴，这么多人没有一个人的衣服被打湿。皇后为了感谢这棵栗树，封它为“百骑大栗树”。

得胜果

栗子又称“板栗”，是山毛榉科落叶乔木，树高可达20米。人们常说“潦不死的栗子”，这说明栗树有很强的适应能力，哪里都可以种，因此它还有“铁杆果树”的美称。

在春秋战国时期，栗子还曾让晋国取得过战争的胜利，被晋王誉为“得胜果”。相传，在一次战争中，晋国国王率兵追杀敌人，追到了深山之中，这时后方的粮食接济不上，士兵们都饿得不能走路了。当地的居民告诉他们，上山采摘些栗子煮熟了吃，可以充饥。士兵们吃过栗子以后，个个精神抖擞，一鼓作气打败了敌人，取得了最后的胜利。

在我国近代，栗子也曾立下过汗马功劳。抗日战争时期，在板栗之乡迁西县，革命根据地的人们用栗子糕为过很多伤员调养，使他们得以康复，重返前线。

干果之王

唐代大诗人李白，曾经在黄山夜宿时，听着歌曲、喝着酒、吃着栗子，心潮澎湃，写下了一首诗："龙惊不敢水中卧，猿啸时闻岩下音。我宿黄山碧溪月，听之却罢松间琴。朝来果是沧洲逸，酤酒醍盘饭霜栗。"诗中说，美妙的歌声让龙都不敢在水里静卧，山上的猿猴都过来聆听。听着如此美妙动人的音乐，要以栗子相伴而食，这充分体现了诗人李白对栗子的喜爱。

栗子属于坚果类，营养非常丰富，含有大量的淀粉以及维生素B族、蛋白质、脂肪等多种营养素，素有"干果之王"的美称。栗子可以当粮食吃，是一种物美价廉、营养丰富的滋补品。

新鲜板栗的碳水化合物（糖类）含量达到了40%，是马铃薯的两倍还多。栗子中维生素B_1、维生素B_2的含量也极为丰富。100克栗子里含有24毫克维生素C，这是粮食所不能比的。新鲜的板栗维生素C的含量比西红柿还要多，是苹果的10多倍。此外，栗子所含的矿物质也比较全面，有镁、钾、锰、锌等，特别是钾的含量比较高。

不过需要注意的是，栗子碳水化合物（糖类）含量较高，因此在吃栗子进补的时候，一次不能吃太多，尤其是糖尿病患者，以免影响血糖的稳定。

栗子不仅可以作为粮食食用，还有一定的药用价值。中医认为，栗子有“益气补脾、厚肠胃、补肾强筋、活血止血”的作用。不论是生栗子还是熟栗子都有治疗尿频、腰腿无力、便血、反胃等疾病的功效。栗子的壳、树皮、树根也均可入药。著名的诗人杜甫就用食用鲜栗子的方法治好了自己的脚气病。

栗树树材紧密结实，是铁路枕木、高档家具、桥梁的最佳材料。除此之外，栗树的花蜜很多，是一种很好的蜜源植物。

贴心小提示

在北京经常能看到街边大铁锅里的糖炒栗子，又香又甜，非常好吃，无数人驻足购买，有时候要排好长的队才能买到。不过需要注意的是，熟栗子一次不能吃太多，吃太多容易滞气。

新鲜的栗子容易变质发霉，如果吃了发霉的栗子会中毒，所以，变质发霉的栗子一定不要吃。

松　子

松子是红松树结的果实，又称为“红松果”“海松子”“罗松子”等，是人们常见的干果。它主要产在东北的小兴安岭林区和长白山脉，野生的红松50年后才能结果，果实的成熟期为两年。

人们在很早以前就开始食用松子了，晋代的《搜神记》记载，上古有一个名叫僵俭的仙人，经常上山采药，他浑身都长着长长的毛，特别喜欢吃松子。僵俭仙人曾经赠送松子给尧吃，但是尧太忙了，没有吃他送的松子。传说，那些经常吃松子的人，都很长寿，能活到300多岁。

道家之人，常吃松子来辅助修炼。据道家文献记载，全真七子之一的丘处机，自幼父母双亡，备受命运的磨炼，童年的时候，他就下定决心要修炼成“仙”。他勤奋好学，并非常迷恋道学，少年的时候机敏，与松为友，与月为伴。到了19岁的时候，拜王重阳为师。以机敏、虔诚、勤勉而得到王重阳的器重，王重阳把毕生所学传授给他，丘处机终于成为一代大师。

松子的壳非常坚硬，咬起来很费力，实在是在考验牙齿的功力。不过现在已经好多了，有了用蒸气喷过的松子，已经自动开口，吃起来非常方便。剥开一个，在嘴里嚼一下，浓浓的松香让人回味。

松子也可以做糕点辅料、糖果等。宋代时，经常用松仁作烧饼馅料，北宋的苏辙就曾说过：“蜀人以松黄为饼甚美。”清代的袁枚在《随园食单》中详细地描述了这种烧饼的制作方法。他用松子、核桃仁、糖、大油作为饼的馅料，用两面锅烤制。很快，松香味就飘了出来，香得让人直流口水，吃上一口，满口生香。

长寿果

唐代的《海药本草》中记载：“海松子温胃肠，久服轻身，延年益寿。”在人们心目中，松子被视为“长寿果”，为人们所喜爱。

松子中含有丰富的脂肪、蛋白质、碳水化合物等。其中，脂肪多数为油酸、亚油

贴心
小提示
松子含丰富的油脂，滋腻性较大，易润滑肠道。所以，咳嗽痰多、大便溏泻者不宜多食。

酸等不饱和脂肪酸，是健脑益智的佳品，对促进脑细胞的发育有良好的功效。能使皮肤润泽、头发黑亮。松子还含有磷、钙、铁等微量元素，铁能增强身体的造血功能。

松子存放时间长了会产生哈喇味，不宜食用。有些不法商贩故意加大松子口味，来掩盖这种味道。因此，最好食用口味偏淡的松子。

中医认为松仁性温味甘，具有养阴、滑肠、润肺、熄风等功效，能治疗头眩、风痹、燥咳、吐血等症。

喜食松子的交嘴雀

不光人喜欢吃松子，更有趣的是鸟儿也喜欢吃，交嘴雀就是以松子为主要食物的鸟。松子都被松塔紧紧地保护着，很难吃到。对于这样的严密守护，别的鸟儿都没有办法，但却难不倒交嘴雀，它们把那张上下交叉的喙伸入松塔的缝隙里，然后用力一扭，松塔就被弄开了。也许交嘴雀是为了吃松子才把嘴进化得这么独特吧！

开心果

放眼望去，远处一片苍茫，光秃秃的，除了偶尔点缀几根耐旱的野草，什么也没有。一队无比疲惫的人马在缓慢地前行，主帅非常着急，想加快行军的速度。但是没有办法，他们已经好多天没吃东西了。主帅30多岁，虽然看起来很疲惫，但却掩饰不住眉宇间那份果敢和坚毅。他就是公元前3世纪闻名世界的军事家亚历山大。为了追击逃亡途中的波斯国王大流士，防止他重整旗鼓，亚历山大下定决心不管多疲惫，都要继续行军。

终于到了一个山谷，他们遇到了几个当地人，当地人看到他们如此疲惫，就告诉翻译，说山上有一种树，它的果子可以吃，还能让人体格强健、精力充沛。得知这个消息后，亚历山大让部队去采摘这种果实。吃过果实以后，他们个个精神抖擞，很快就追上了大流士，并且斩杀了他，庞大的波斯王国宣告灭亡。

这种树就是开心果树，波斯人在很久以前就开始食用它了。传说在公元前5世纪，波斯与希腊发生战争的时候，波斯人就是靠吃开心果补充体力的。那时候，波斯牧民在游牧时，都会带上足够的开心果，这样才能进行较远的迁移生活。

阿月浑子

古时候的中国，称开心果为“阿月浑子”。唐朝的《本草拾遗》记载：“阿月浑子味温无毒，主治诸痢，去冷气，令人肥健。”宋代的《海药本草》中记载了阿月浑子具有治疗腰冷、阴肾虚弱之症的功效。

那时候，中国的开心果主要来自西亚，量非常少，主要用作药材。直到20世纪80年代以后，才被当

做干果大量食用。

加州果王

现在，开心果是一种很时尚的休闲食品，样子有点像白果。烤制后有香气，越嚼越香，余味无穷。

开心果仅在我国新疆等边远地区栽培，而且产量非常小。我国主要从国外进口，因此价格比较贵。我国每年要进口两万多吨开心果。我们吃得开心果袋子上常常写着“加州果王”的广告词，那是因为它的主要产地是美国加州。

加州开心果又是从哪里引进的呢？20世纪30年代，开心果成为美国一种大众化的零食，并且在自动售卖机上出售。当时的这些进口坚果被染成了红色，一来可以吸引人们的目光，二来可以掩盖传统收获技术造成的污迹。那时候美国的开心果主要来自中亚、西亚地区。每年巨大的需求量，使得美国人决定移植这种作物。1929年，美国的一名植物学家，用了6个月的时间从伊朗成堆的产品中精选质量最好的开心果作种子。

20世纪60年代，开心果的种植拓展到整个加州。又过了7~10年，树上终于结出了累累硕果。他们的勤奋努力和不懈付出，终于使加州成为世界第二大开心果产地。

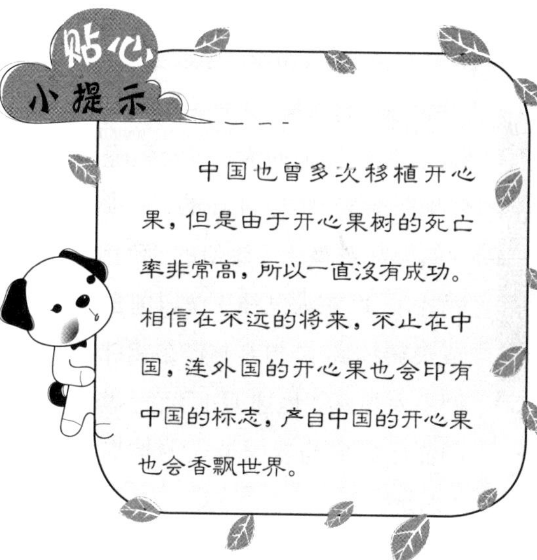

贴心小提示

中国也曾多次移植开心果，但是由于开心果树的死亡率非常高，所以一直没有成功。相信在不远的将来，不止在中国，连外国的开心果也会印有中国的标志，产自中国的开心果也会香飘世界。

槟　榔

南宋周去非长久在岭南做官，年老以后回到故乡浙江温州。回忆起在岭南的见闻，他整理成了《岭外代答》一书。书中记载了宋时岭南的生活习俗、社会经济等状况。还写到岭南人普遍吃槟榔和一些有关吃槟榔的趣事。

书中记载，岭南人待客不用茶，而用槟榔。新鲜的槟榔青绿而坚硬，需要加工成黑褐色，切成一瓣一瓣的，再点上胶状的芯子，才能嚼用。芯子的种类很多，广州人常用桂花、三赖子、丁香等作芯子。吃过槟榔以后，人会觉得很兴奋，两颊潮红，像喝醉了酒一样，人们就称其为“醉槟榔”。

广东人特别喜欢吃槟榔，不论男女老少、贫富贵贱，从早到晚，宁可不吃饭也要嚼槟榔。穷人用锡盘子放槟榔，富人用银盘子盛槟榔。外地人都嘲笑他们，说他们像羊的嘴，一天到晚不停地咀嚼着，嘴巴红红的，一张嘴一口黑牙就像上了漆似的。数百年过去了，广东人已经不像以前那样成天嚼槟榔了，但是与广东相邻的湖南人却疯狂地迷恋上了它。湖南湘潭已经成为我国最大的槟榔加工基地。

据资料记载：“1779年湘潭大疫，城内居民患鼓胀病，县令白景将

药用槟榔分于患者嚼之，鼓胀病消失，终于解除瘟疫之害。自此，槟榔在此地流行开来。”

除湖南外，中国台湾也有很多人食槟榔。据有关资料显示，台湾嚼槟榔的人超过240万，这些人被誉为“红唇族”。

尽管岭南人食用槟榔的历史悠久，但直到汉代才在历史典籍中见到槟榔。西汉司马相如《上林赋》中提到“仁频并闾”，颜师古作注说“仁频”是指槟榔。《山海经》中记载的“黑齿国”，就是因为人们长期食用槟榔，槟榔紫红色的汁液使他们的牙齿变成了黑色。

文人墨客也喜欢槟榔，留下了很多写槟榔的诗句。北宋苏轼写下：“两颊红潮增妩媚，谁知侬是醉槟榔。”明朝的王佐曾这样描写槟榔：“绿玉嚼来风味别，红潮登颊日华匀。心含湛露滋寒齿，色转丹脂已上唇。”北宋的黄庭坚为了吃槟榔曾经写下诗句向朋友讨要：“莫笑忍饥穷县令，烦君一斛寄槟榔。”意思是不要笑话我这个忍饥挨饿的穷县令，麻烦你送我一斛槟榔。

桃

桃花是美丽的象征，是春天的使者。它们盛开在枝头，如一片片美丽的红霞，与那婆娑的垂柳相互映衬，一派桃红柳绿的景象。诗人也喜欢桃花，白居易曾写道："村南无限桃花发，唯我多情独自来。日暮风吹红满地，无人解惜为谁开。"桃花美丽妖娆，就像美女的脸，人们常把女子粉红色的脸颊称作"桃腮"。元代王实甫曾在《西厢记》中这样描写崔莺莺："杏脸桃腮，乘着月色，娇滴滴越显得红白。"

桃果被列为天下第一果，果形美观、味道鲜美、营养丰富，被视为果中极品。桃在古代被列为祭祀神灵的五种果品之一，这五种果品分别是：桃、李、杏、枣、梅。

水蜜桃

桃子有很多种类，总的来看可分为两大类：一种是由我国华南引进栽培多年已驯化的品种，即市面上的“毛桃”；另一种是自美国或日本引进的温带桃，通称“水蜜桃”。

水蜜桃是一种具有芳香气息、甜甜蜜蜜的水果，令人垂涎。但需要种植在高海拔地区，不适于平地种植。品种有砂子早生、松本早生、中津白桃、大久保、白凤等，而后又引进的品种有濑户内白桃、川中岛白桃、大玉白凤、红

凤等品种，甜度高、果形大、多汁，色泽风味均佳。等到水蜜桃花盛开的季节，园内芳草鲜美、落英缤纷，仿佛置身于陶渊明的桃花源中，在不知不觉中就令人忘记了世俗的烦扰。而变化多端的四季高山景色，更让人流连忘返。

水蜜桃果实成熟分为硬熟期、适熟期和软熟期三个阶段。硬熟期的果实，果皮淡绿、毛茸长，果肉紧硬，略带苦味，缺乏风味，不适合生食。适熟期的果实，果皮白绿，并出现乳白或黄白色，见光的一面，带有红色斑点或红晕，果脆多汁，甜度增高，一般桃子此时食用风味最好。软熟期的果实，果皮绿素渐失，果肉果皮变软，色呈红晕或乳白，这时候食用水蜜桃，味道最香甜。

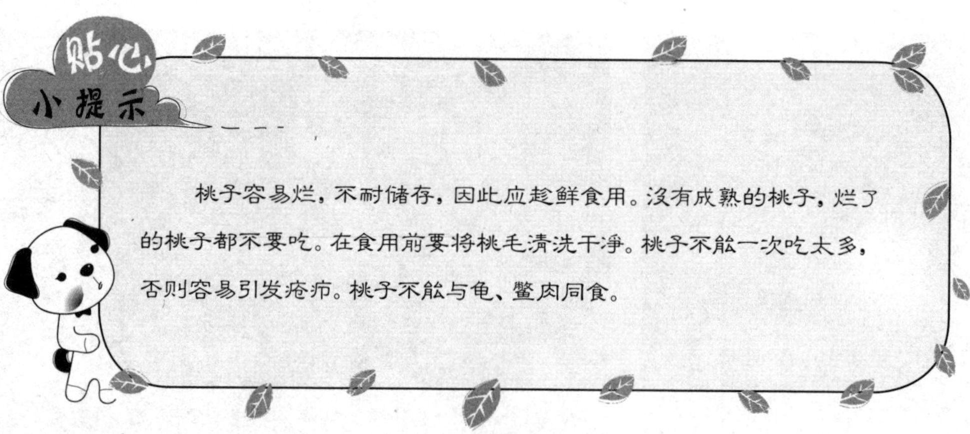

贴心小提示
桃子容易烂，不耐储存，因此应趁鲜食用。没有成熟的桃子，烂了的桃子都不要吃。在食用前要将桃毛清洗干净。桃子不能一次吃太多，否则容易引发疮疖。桃子不能与龟、鳖肉同食。

药补不如桃补

桃含有糖、脂肪、蛋白质、磷、钙、铁和维生素B、C等成分。桃中含铁量较高，铁对人体有特殊的生理功能，能促进体内血红蛋白的再生。因此，贫血的人应多吃桃。桃富含果胶，经常食用能预防便秘。

桃的脂肪含量低，可预防肥胖病、糖尿病及心脏病等。桃含有丰富的胡萝卜素，可预防多种癌症。桃有暖身的作用，是适合病人吃的水果之一。老年人气阴两虚，“药补不如食补”，可用熟桃以果代药，是老年人的滋补佳品。

橘　子

橘子树是柑橘属常绿小乔木，高约3米，小枝比较细弱，通常有刺。春暖时节，橘花开放，洁白的花朵散发阵阵清香。初夏，小小的橘子长了出来，有拇指那么大，精致灵巧，非常惹人喜爱。当秋霜染红了红叶，橘子熟了，橙色的果实掩映在绿叶间。唐朝诗人张彤曾这样描写这时的美：“凌霜远涉太湖深，双卷朱旗望橘林。树树笼烟疑带火，山山照日似悬金。”

橘子酸甜可口，味美多汁，自古就受到人们的喜爱。南宋诗人叶适曾写下“蜜满房中金作皮，人家短日挂疏篱”的诗句，让人体味那种垂涎欲滴的独特风味。

中国种植橘子的历史悠久，早在西周，橘子就是王室重要的贡品。春秋战国时期，楚国大量种植橘子，广阔的楚国，到处都能看到橘子的踪影。屈原曾作《橘颂》：“后皇嘉树，橘徕服兮。受命不迁，生南国兮。”这两句话的意思是：天地孕育的四季常青的橘子树，天生就适合生长在这片土地上，天地赐命你一直生长在南楚，永远不离开。

橘子甜蜜清香，汁多味浓，营养丰富。研究表明，每100克可食部分中含有水分88.2克、糖类8.9克、膳食纤维1.4克、脂肪0.4克、蛋白质0.8克、磷18毫克、钙19毫克、锌0.1毫克、铁0.2毫克，还含有胡萝卜素1.667毫克、维生素$B_2$0.04毫克、维生素C19毫克、烟酸0.2毫克，以及柠檬酸、苹果酸、橙皮苷、琥珀酸等物质。

橘子中含有的营养物质，对调节人体新陈代谢等生理机能有很大好处，常食可延年益寿、防病强身。橘子含有多种有机酸和维生素，特别是维生素C的含量很高，比苹果、梨、葡萄的含量都高，因此它是获取维生素C的佳果。它还含丰富的维

生素A和维生素B，所以生吃鲜橘对于预防皮肤角质化、夜盲症和高血压都有好处。

橘子除供鲜食外，还可加工成果酱、果汁、罐头、果醋、果酒、蜜饯、橘晶、果冻、果糕、果糖等，并可制筵席甜食，如橘味海带丝、烩橘子羹、什锦果羹、水晶橘子等。橘子的果肉还是重要的轻工业原料，可提取果胶、橙皮苷、柠檬酸、香精油。

橘子不仅是水果中的佳品，而且还有重要的药用价值。橘子性凉味甘酸，具有止咳润肺、开胃理气的功效。据《日用本草》中记载，橘子“止渴润燥，生津”。《日华子本草》中记载，橘子“止消渴，开胃，除胸中膈气”。《医林纂要》说它能消除烦恼，有醒酒的功效。

健康红绿灯

橘子虽然好吃，可以常吃，却不能多吃。橘子性温，食用过多就会“上火”，会出现口干舌燥、口舌生疮、咽喉干痛、大便秘结等症状，从而促发牙周炎、口腔炎等。由于橘子的果肉中含有一定的有机酸，为了避免其刺激胃黏膜产生不适，饭前或者空腹时最好不要吃橘子。此外，橘子还含有大量的胡萝卜素，一次过多的食用

橘子或者在一段时间内持续不断食用过多，会使血液中的胡萝卜素浓度过高，从而导致皮肤发黄，就是我们平时说的“橘子病”。如果出现了橘子病，除了暂时不吃橘子类水果和多喝水外，还要限制富含胡萝卜素食物的摄入量，一个月后，皮肤的颜色就会恢复正常。

让酸橘子变甜的技巧

冬天，是吃橘子的最好时节，但是，有时候也会买到酸橘子。这里有一个小方法，可以让酸橘子变甜。方法很简单，将橘子放进自行车篮子里，然后骑着自行车在附近转一圈，回来后再吃橘子，你就会发现橘子变甜了。

你会不会觉得不可思议，橘子为什么会变甜呢？有人检测了橘子的成分，发现橘子的含糖量没有变化。但是橘子确实是变甜了，其实甜味的变化与橘子中的酸度变化有关系。橘子里含有产生甜味的糖，也含有产生酸味的酸，酸很容易受到冲击，并且受到冲击后，就会减少。说得简单点就是酸减少了，所以橘子变甜了。

如果你买到了酸味的橘子，就用这个方法试试吧，骑着自行车转一圈，既可以

使身体得到锻炼，又可以吃上甜甜的橘子，而且吃橘子可以获取维生素C，让自己变得更美丽，真是一举多得啊！

橘饼

橘子经过蜜糖渍制，就成为橘饼，具有化痰、健胃、止泻、止咳的功效，民间常用橘饼煎水，治疗咳嗽痰多、胃口不开的病人。

陈皮

橘子成熟后，剥下果皮，低温干燥或晒干，得到的就是陈皮。陈皮也称“贵老”，以陈久者为佳。《本草纲目》中记载：陈皮“疗呕秽反胃嘈杂，时吐清水，痰痞，痰疟，大肠闭塞，妇人乳痈。入食疗，解鱼腥毒”。“陈皮，苦能泄能燥，辛能散，温能和……同补药则补，同泻药则泻，同升药则升，同降药则降。”《本经》中记载：陈皮“主胸中瘕热，逆气，利水谷，久服去臭下气”。

中医认为，陈皮味辛、苦，性温，归脾、肺经，具有降逆止呕、行气健脾、燥湿化痰、调中开胃等功效。适用于脾胃气滞所致的嗳气、恶心、呕吐、咳嗽痰多及湿阻中焦所致的纳呆倦怠、大便溏薄等症。

陈皮中的挥发油能温和地刺激胃肠道，促进消化液的分泌，排除肠管内积气，显示了祛风下气和芳香健胃的效果。

陈皮煎剂与维生素K、维生素C并用，能增强抗炎作用。常用量为3~10克。民间常用橘皮、生姜加红糖熬水喝，来治疗风寒感冒咳嗽。用30克橘皮、3克甘草，水煎服，可治疗产后初期乳腺炎，一般2~3克可愈，而且不会影响乳汁分泌。

青皮

青皮是指橘子的干燥幼果或没有成熟果实的果皮。5~6月间，收集自然脱落的幼果，晒干，称“个青皮”；7~8月间，采收没有成熟的果实，在果皮上纵剖成四瓣至基部，除尽瓤瓣，晒干，称“四花青皮”。青皮性温，味苦、辛，归肝、胆、胃经，具有消积化滞，疏肝破气等功效，主要用于治疗疝气、乳痈、乳核、胸胁胀痛、食积腹痛等症。研究表明，青皮富含挥发油，且多含黄酮苷等。常用量为3~10克。青皮性烈耗气，气虚者慎用。孕妇忌用。

橘红

橘红是橘皮去掉了内层果皮，所剩下的外层红色薄皮。橘红味苦、辛，性温，本品性较燥烈，能燥湿化痰，理气健脾，具有宽中散结、利气消痰的功效，主要用于治疗喉痒痰多、风寒咳嗽、消化不良、胸膈胀闷、恶心、嗳气、呕吐清水等症。

古有《橘红歌》：“橘之红性温且平，能愈伤寒兼积食，消痰止咳功更奇，谁先辨此真龙脉，价值黄金不易求，寄语人间休浪掷。”

以橘红为主药制成的中成药有橘红痰咳颗粒、橘红痰咳液、橘红枇杷片、橘红痰咳煎膏、橘红化痰丸、橘红梨膏、橘红冲剂、橘红片等。

橘核

橘的种子，就是中药橘核，具有止痛、散结、行气的功效，可治乳腺炎、睾丸肿痛、疝气、腰痛等。以橘核为主药制成的中成药有橘核疝气丸、橘核丸等。

橘核治疗乳腺炎的外用方法是：取橘核若干，研成细末，用一般白酒、甜酒（适量稀释）或25%的酒精调配均匀铺于纱布上，敷于患处，干燥即更换。

橘叶

橘树的叶子，就是中药橘叶，具有化痰、行气、疏肝的功效，能治胁痛、消肿毒、乳腺炎等病症。常与郁金、柴胡等药同煎，治疗肋间神经痛及其他疾病引起的胸胁痛。也常与连翘、金银花、蒲公英等药配合治疗急性乳腺炎。一般将橘叶捣碎外敷，或将橘叶捣汁内服。

橘、柑、橙的区别

橙、橘、柑形相近而味相远，市场上三者的售价相差较大，如果不仔细辨认，买橘花了买橙的价钱不说，想吃甜却吃了酸，更是让人生气。那么该如何区别这三者呢？橘果实呈扁圆形，比较小，色泽呈朱红、橙红或黄色，果皮宽松而较薄，易剥离，瓤瓣易分离，不耐贮藏；橙又名广柑、广橘。果实圆形，色泽橙黄，皮厚而光滑，用手很难剥开，瓤瓣紧密相连，不易剥离，食用时需用刀切成块，香气很浓，耐贮藏；柑果实较大，稍扁形或圆珠形。果皮为橙红色或橙黄，皮粗厚，较易剥离，柑络较多，贮藏性比橘类强，但比橙类差。

橙　子

橙子又名“黄果”“黄橙”“金橙”“香橙”等，是芸香科柑橘亚科柑橘亚属小乔木香橙的果实。橙子颜色鲜艳，外观整齐漂亮，酸甜可口，深受人们的喜爱。橙子的种类很多，最受青睐的有冰糖橙、血橙、脐橙和美国新奇士橙。

橙子含有丰富的钾、磷、钙、柠檬酸、维生素C、橙皮苷、烯、醛、醇等物质。每100克鲜橙中含碳水化合物12.2克、蛋白质0.6克、膳食纤维0.6克、脂肪0.1克、钾182毫克、钙58毫克、抗坏血酸54毫克、磷15毫克、镁10.8毫克、氯1.0毫克、钠0.9毫克、烟酸0.2毫克、铁0.2毫克、胡萝卜素0.11毫克、硫胺素0.08毫克、核黄素0.03毫克。此外，还含有果胶、橙皮油、维生素P及有机酸等物质。

橙子中的一些营养成分能有效地补充眼部水分，发挥长时间的滋润效果，橙子的果皮，有出类拔萃的“抗橘皮组织”功能，可消除赘肉。

疗疾佳果

橙子味甘、酸，性凉。有开胃下气、生津止渴的功效。正常人饭后饮橙汁或食橙子，有消积食、解油腻的作用，橙子还能止渴、醒酒。

橙子中富含的维生素C和维生素P，能增加毛细血管的弹性，降低血液中的胆固醇含量。高血压、高血脂、动脉硬化者应常吃橙子，对身体有好处。橙子中所含的果胶和高纤维素，可以促进肠道

蠕动，能清肠通便，把有害物质排出体外。橙皮性味甘苦而温，有止咳化痰的功效，是治疗感冒咳嗽、胸腹胀痛、食欲不振的良药。因此，橙子被称为“疗疾佳果”。

保健妙用——补充体力

橙汁含有丰富的果糖，能迅速补充体力，高达85%的水分更能提神解渴，特别适合运动后饮用。需要注意的是，橙汁榨好以后要立即喝，否则空气中的氧会使维生素C的含量降低。

保健妙用——驱蚊、催眠

用橙皮做成香包，放在枕头旁边，既有催眠的功效，还能驱赶蚊虫。放在厨房、卫生间或冰箱，能除异味，保持空气清新。

橙子选购技巧

在购买橙子的时候，要精心挑选。记住，橙子的表皮并不是越光滑越好。进口的橙子一般表皮小孔比较多，比较粗糙。如果橙子表面很光滑，几乎看不到小孔，说明已经做过“美容”。还有就是在买之前最好用湿纸巾在橙子表面擦一下，如果湿纸巾上留有颜色，说明已经上了色素。

剥皮技巧

橙子虽然好吃，但是皮很难剥。告诉你一个剥皮的小窍门，用普通的小铁勺子，把橙子一头开个圈，然后把勺子凸起的那面朝上，从开好的小孔伸进去，顺着橙子的弧度向下用力，一直到底后，抽出勺子，重复这个动作，一直到整个橙子的肉和皮分离，这样橙子就很容易剥开，而且还不会伤到果肉。

柚子

柚子又名“文旦”“臭橙”“霜柚”“胡柑”等，为芸香科小乔木植物柚的成熟果实。柚子果实较大，一般都在1千克以上。在农历的八月十五——中秋节前后成熟。皮很厚，耐储藏，一般可以存放三个月，有“天然水果罐头”之称。

柚子外形较圆，有团圆之意，是中秋节不可缺少的水果。还有就是“柚”和“保佑”的“佑”同音，因此被人们视为吉祥之物。

我国栽培柚子树的历史非常悠久，在公元前的周秦时代就有种植。我国四川、浙江、江西、福建、广东、广西、台湾等地均有种植。东南亚的许多国家和地区也有种植，古巴、美国、巴西、南非以及日本也是柚子的主要产地。因此，柚子算得上是国际化的果品之一。

柚子味道酸甜，略带苦味，营养丰富。每100克鲜果含水分84.8克、碳水化合物12.2克、膳食纤维0.8克、蛋白质0.7克、脂肪0.6克、钾257毫克、磷43毫克、钙41

毫克、抗坏血酸41毫克、镁16.1毫克、铁0.9毫克、钠0.8毫克、烟酸0.5毫克、胡萝卜0.12毫克、硫胺素0.07毫克以及核黄素0.02毫克。此外，还含有丰富的有机酸及枳属苷、柚皮苷、新橙皮苷、挥发油等物质。

中医认为，柚子果肉性寒，味甘、酸，有清热化痰、止咳平喘、解酒除烦、健脾消食的医疗作用。柚皮有散寒燥湿、健脾消食、理气化痰的功效。

减肥帮手

柚子的维生素P含量很高，对于肥胖者和心脏病患者来说，是非常好的水果。柚子中还含有能够消除疲劳的枸橼酸，其丰富的纤维素，可以促进大肠蠕动，有助通便。如果将柚子蘸白糖吃，可以祛除口中的酒气和口臭。

健康红绿灯

一次食用过量的柚子，会影响肝脏解毒，使肝脏受损伤，还会引起恶心、头昏、心悸、倦怠乏力、心动过速、血压降低等不良症状，特别危险的是在服用抗过敏药期间，饮用柚子汁或食用柚子，会导致心律失常，严重的可引起心宣纤维颤动，甚至猝死。因此，在服药期间，最好别吃柚子或饮用柚子汁。

选购技巧

选购柚子的方法一般是靠“闻”和“叩”。“闻”就是闻香气，熟透了的柚子很香。“叩”就是叩打柚子的外皮，外皮下陷且没有弹性的一般质量不好。挑选柚子时，最好选择表皮薄又光润，色泽呈淡黄或淡绿色，如果看起来比较柔软多

汁更好。

刚摘下的柚子，不好吃，最好是放在室内两周，等到果实的水分逐渐蒸发，甜度提高了，吃起来味道更美。

柠 檬

15世纪，欧洲的冒险家为了获得黄金和香料，纷纷横渡大洋去争夺殖民地。可是在航行途中，不幸的事发生了，成千上万的海员被瘟神似的坏血病夺去了生命。

1593年，英国有10 000多名海员死于坏血病，葡萄牙、西班牙也有80%的水手死于该病。在这些事件发生的同时，却有另一种奇迹在发生。在加拿大过冬的法国探险者中有110人患了坏血病，当地的印第安人告诉他们喝松叶浸泡的水就会没事，病员们在绝望中喝了这种水，结果真的得救了。

1772年~1775年，英国的库克船长率领船队进行第二次远航，库克船长命令船员经常吃泡菜，船员们免受了坏血病的侵袭。在3年的时间里，118名船员中，只有一人死亡。

英国的医生林德最早开始了对坏血病的研究，他用新鲜的水果、蔬菜和药物对坏血病患者进行医疗实验。有一次，他把患有坏血病的水手分成六组，对他们采用不同的治疗方法 。一段时间过后，他发现，吃药物的水手毫无起色，而吃柠檬的水手们像服了“仙丹”，很快就恢复了健康。

后来英国海军规定水兵入海期间，每人每天要喝定量的柠檬叶子水。两年以后，英国海军中的坏血病就再也没有出现过。因此，英国人常用“柠檬人”来称呼水手和水兵。

松叶浸泡的水，泡菜和柠檬为什么能治疗坏血病呢？人们首先想到的是，它们中肯定含有同一种物质，这种物质能治疗坏血病。20世纪初，人们推测坏血病是由于人体缺乏某种维生素引起的。在20世纪30年代，人们确认了坏血病是人体缺乏维生素C引起的。柠檬中含有大量的维生素C，因此，它被人们称为“神秘的药果”。

柠檬酸仓库

柠檬是芸香科柑橘属常绿灌木植物。有硬刺，叶子比较小，呈椭圆状矩圆形。花簇生于叶腋内或单生，花瓣内面白色，外面淡紫色。果实呈椭圆形，黄色至橘黄色。柠檬最早发现于马来西亚，现在意大利、欧洲等地大量栽培。

柠檬，又称“柠果”“洋柠檬”等，由于味道非常酸，孕妇最喜食，因此又称“益母子”或“益母果”。它

的果实肉脆汁多，有浓郁的芳香气。柠檬中含有大量的柠檬酸，因此被人们誉为“柠檬酸仓库”。

鲜柠檬含有丰富的维生素，是美容佳品，用它泡水喝，可以防止皮肤色素沉淀，起到美白的效果。柠檬还有很高的药用价值，柠檬水中的柠檬酸盐，能抑制钙盐结晶，防止肾结石的形成。喝柠檬水可以缓解钙离子促使血液凝固的作用，还可以预防和辅助治疗心肌梗死和高血压。

感冒的时候，每天喝上500~1 000毫升的柠檬水，可以减轻流鼻涕的症状。它还能生津止渴、开胃消食。

柠檬果汁是人们喜爱的饮料之一，它的制作非常简单、方便，直接用新鲜柠檬榨出果汁，再配上冰块、冰水和糖，搅拌后就能饮用。它那幽幽的清香和淡淡的酸甜味道，令人神清气爽！

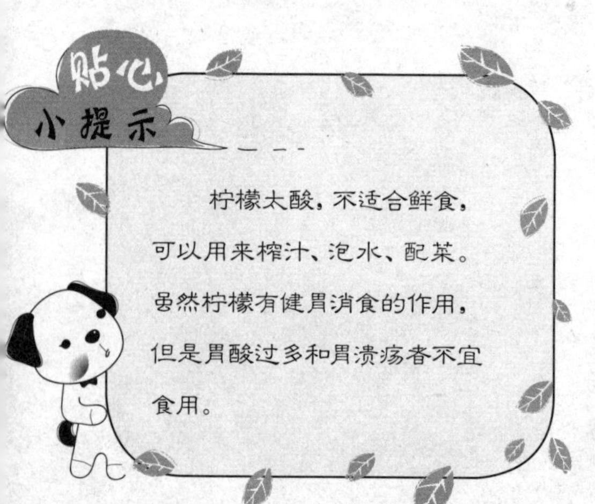

贴心小提示

柠檬太酸，不适合鲜食，可以用来榨汁、泡水、配菜。虽然柠檬有健胃消食的作用，但是胃酸过多和胃溃疡者不宜食用。

枣

铁杆庄稼

人们经常这样夸奖一种植物："一斤枣，半斤粮，额外加上二两糖。"你知道这是说的哪种植物吗？是枣树。俗话说："无功不受禄"。枣树有何功劳，值得人们这样褒奖？枣树有很强的适应性，不论平原、山区、沙地、河滩、碱地、旱地均能生长。如果种有枣树，在旱涝严重的年份，就能度过饥荒，因为枣树能做到"地上不收树上收"，枣树救人功不可没。枣树的树龄很长，百年以上的枣树仍然生机勃勃，硕果累累。因此人们称枣树为"铁杆庄稼"。

枣树在我国栽培历史悠久，在3 000年以上。枣树是鼠李科落叶乔木，少有横枝。枣在4~5月间开花，花很小，黄绿色，香味特别浓，是优质的蜜源。在枣树开花的时候，在园内放蜂，既能获取蜂蜜，又能提高枣树的坐果率，一举两得。

枣树木材坚硬致密，是室内装饰、雕刻印章及细木家具的上等用材。在华北地区，枣树可防风固沙，是绿化山区和保持水土的良好树种。

天天吃仨枣，一辈子不见老

鲜枣风味极佳，含糖量达19%~44%，吃起来很甜。干制的红枣含糖量更高，达50%~87%，每100克果肉的热量与精白面粉、大米相近，故有“木本粮食”之称。

成熟鲜枣的维生素含量非常丰富，相当于橘子的15~20倍，苹果的100倍，比中华猕猴桃还要高3~4倍。它还含有多种氨基酸，其中有8种是人体不能合成的。它所产生的热量和葡萄干相当，而且磷、钙、烟酸、核黄素、蛋白质的含量又高于葡萄

干。所以，人们历来把红枣视为上等的滋补品。我国民间流传着“五谷加小枣，胜似灵芝草”和“天天吃仨枣，一辈子不见老”的谚语。

除鲜食外，可以制成蜜枣、熏枣、枣醋、枣酒等，为食品工业原料。

在中医处方里，红枣是一味最常见的药食同源方药，味甘性温，主要功能为养血安神、补中益气，临床主要用于血虚萎黄、脾胃气虚、血虚、失眠多梦等症的治疗。

贴心小提示

我们都知道枣皮中含有丰富的营养素，但是在生吃的时候，枣皮容易滞留在肠道中，很难排除，因此要吐枣皮。如果是用枣炖汤，应连皮一起烹调。腐烂的大枣不要吃，因为它在微生物的作用下会产生果醇和果酸，人吃了会出现视力障碍、头晕等中毒反应，严重的还会危及生命。

香 蕉

在热带，到处都能看到香蕉树，蕉叶婆娑，碧绿一片。香蕉树是芭蕉科多年生常绿草本植物，每株每年结果一次，每株生十余梳，每梳果实10～15只。我国广东、广西、福建、云南、四川、台湾等地均有栽培。

快乐水果

香蕉又名“蕉果”“蕉子”“甘蕉”等，是热带水果中的“平民”，香甜可口，价格也便宜，是人们水果盘里的“常客”。

欧洲人认为香蕉有解除忧郁的功能，因此称它为“快乐水果”。它热量不高，据测量，一根香蕉的热量为87卡，而且还含有丰富的膳食纤维，食用后不用担心会长胖，深受女孩子欢迎。香蕉还被称为“智慧之果”，传说，释迦牟尼就是因为吃了香蕉，才充满智慧。

香蕉是相当好的营养食品。每100克果

肉中含蛋白质1.23克、粗纤维0.9克、脂肪0.66克、无机盐0.7克、碳水化合物20克、水分占70%，并含有维生素C、维生素B_1、维生素A等多种维生素，此外，还含有人体所需要的磷、钙和铁等矿物质。

用香蕉汁搓手擦脸，可防止皮肤老化、瘙痒、皲裂、脱皮。常吃香蕉能使皮肤细腻。香蕉中含有丰富的钾元素，能增加头发的湿度，其所含的油性物质可以增强头发的弹性，从根本上改善发质。

在亚洲、非洲、美洲的热带地区，香蕉除了作水果外，也作粮食。香蕉除鲜食外，还可以制成各种加工制品和提取香精原料。

香蕉有润肺肠、止烦渴、填精髓、通血脉的功效，对高血压、胃溃疡、便秘、咳嗽、发热、肺热等均有一定疗效，还能防止血管硬化。

摘下来的香蕉会变黄

生活在香蕉产区的人们都知道，树上的香蕉硬且绿的时候就要摘下来了。若是等到它熟了、变黄了再摘的话，那运输起来就非常麻烦了。有人说，绿的香蕉怎么吃？不用担心，摘下来，过些日子，香蕉自己就变黄了。这是怎么回事呢？

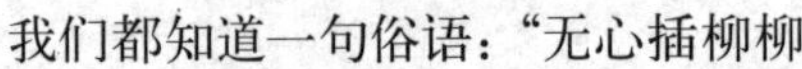

我们都知道一句俗语："无心插柳柳成荫。"你把柳枝攀下来，柳枝上的细胞还活着，插到地里，它就能成活，生根发芽。同样的道理，摘下来的香蕉细胞仍然活着，这些细胞会分泌出各种酵素。

香蕉的表皮中含有叶黄素和叶绿素，在没成熟的时候，叶绿素掩盖住了叶黄素的黄色，看上去是绿色的。摘下来的香蕉分泌的酵素与叶绿素发生化学变化，破坏了叶绿素，绿色就会消失，黄色便显示出来了，香蕉看起来就是黄色的了。

碰过的香蕉为什么会变黑？

香蕉皮被碰撞或挨了冻后，会出现黑色的斑点，这是因为在香蕉表皮中含有一种氧化酵素，平时它被细胞膜紧密地包裹着，没有机会与空气接触。但是一旦碰伤、受冻，细胞膜破了，氧化酵素就流出来与空气中的氧发生氧化作用，生成一种黑色的产物，所以，香蕉表皮就变黑了。

小知识

我们都知道一个常识，那就是香蕉能润肠通便。其实并不是所有的香蕉都能通便，只有熟透了的香蕉才有这种功能。生香蕉不仅不能通便，还会加重便秘。

生香蕉外皮呈青绿色，剥去皮，涩的不能下咽。生香蕉的涩味来自香蕉中的鞣酸，鞣酸对消化道有非常强的收敛作用，会抑制胃肠液分泌并抑制肠胃蠕动，从而造成便秘。

李 子

李子的品种很多，仅中国就有500种以上，我国传统的优良品种有嘉庆李、夫人李、红香李、携李、密李、玉黄李、五月李等。近几年李子的品种更是异彩纷呈。目前，我们在生产中推广应用的国产和引进的国外李子的品种主要有：日本李王、大石早生、密李、密丝李、玫瑰皇后、美丽李、长绥晚红、黑宝石、昌乐牛心李、美国大李、先锋李等。

李子的果实含有丰富的维生素、氨基酸、果酸、糖等营养成分，具有很高的营养价值。在100克李子肉中，含碳水化合物9克、蛋白质0.5克、脂肪0.2克、磷20毫克、钙17毫克、维生素C_1毫克、铁0.5毫克、胡萝卜素0.11毫克、维生素$B_2$0.02毫克、维生素$B_1$0.01毫克，是夏季人们常食用的水果。

除鲜食外，李子还可以制成罐头、蜜饯、李子干等。

新鲜的李子果肉中含有丝氨酸、谷酰胺、脯氨酸、甘

氨酸等多种氨基酸，生食对治疗肝硬化腹
大有裨益。李子能促进胃消化酶和胃酸的
泌，有增加肠胃蠕动的作用，因而食李能
加食欲，促进消化，非常适合食后饱胀、胃
缺乏、大便秘结者食用。

李子还有美容养颜的功效，《本草
目》记载，李花和于面脂中，可以“去粉
黑黯”，“令人面泽”，对脸生黑斑、汗斑
有良效。

健康红绿灯

俗话说："桃养人，杏伤人，李树底下埋死人。"虽然李子汁多味美、酸甜可口，但是不宜多食。适量吃可以清除肝热、生津利尿，有利于身体健康。

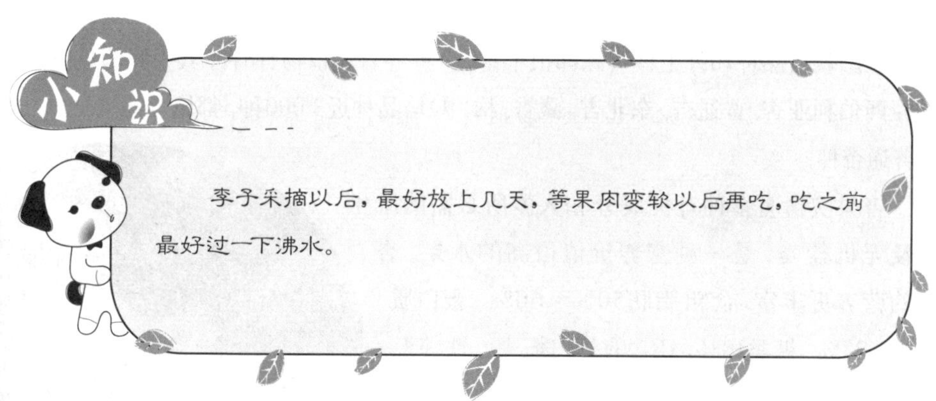

李子采摘以后，最好放上几天，等果肉变软以后再吃，吃之前最好过一下沸水。

杏

杏为蔷薇科杏属植物，原产我国，是我国北方主要栽培果树之一。以果实早熟、果肉多汁、色泽鲜艳、酸甜适口、风味甜美为特色，深受人们的喜爱。

我国栽培品种和野生种资源都很丰富。全世界杏属植物有8种，其中我国就有5种：西伯利亚杏、普通杏、东北杏、藏杏、梅；栽培品种近3 000种，都属于普通杏种。

杏果实含有多种有机成分和人体所必需的维生素及无机盐类，是一种营养价值很高的水果。杏仁的营养更丰富，含粗脂肪50%～60%、蛋白质23%～27%、糖类10%，还含有钾、磷、钙、铁等无机盐类及多种维生素，是滋补佳品。

杏不但可以鲜食，其果肉还可以加工成糖水罐头、杏脯、杏干、杏汁、果酱和果丹皮等。杏仁可制成高级

点心的原料以及杏仁露、杏仁霜、杏仁酱、杏仁酪、杏仁油、杏仁酱菜等。杏仁油微黄透明，味道清香，除作为食用油外，还是一种高级的润滑油，可作为高级油漆涂料、优质香皂及化妆品的重要原料，还可提取维生素和香精。

杏果在中草药中占重要地位，具有良好的医疗效用，主治风寒肺病，具有生津止渴、清热解毒、润肺化痰的作用。杏所含的胡萝卜素和维生素A有助于补肝明目，缓解眼睛疲劳。

健康红绿灯

日常生活中的经验告诉我们，杏能“酸倒牙”，对牙齿不利。强酸味对钙质有破坏作用，可能影响小儿骨骼发育。一次吃太多的杏，还可能引起邪火上蹿，使人流鼻血、烂口舌、生眼眵，还可能生疮长疖、拉肚子，因此要适量食用。

龙　眼

传说，在很久以前，福建一带有条恶龙，每年八月海水涨大潮的时候，它就兴风作浪，糟蹋房屋，毁坏庄稼，人畜被害无数。周围的百姓都很害怕，有家不敢回，待在石洞里不敢出来。

当地有个少年，名叫桂圆，他非常英勇，决定为民除害。等到八月，他准备好了用酒泡过的猪羊肉。恶龙上岸后，看到猪羊肉，立刻就吃了起来。恶龙吃完以后，没走多远就醉倒了。桂圆的钢刀刺向了恶龙的眼睛，经过一段时间的搏斗，恶龙因失血过多死去了，桂圆也身负重伤，没过多久也离开了人世。

这个地方产一种果品，人们为了纪念少年桂圆，就称它为“龙眼”，也叫“桂圆”。

龙眼是多年生常绿乔木，春天开花，夏天结果。果实呈球形，壳褐色或淡黄色，果肉白色透明，汁多味甜。

龙眼原产中国，种植历史悠久，已有2 000多年。现广州白云区、增城、海珠区、番禺和花都区都有种植，其品种有石硖、乌圆、圆眼、水眼、米仔眼等。

养血安神的龙眼

早在汉朝时期，龙眼就已作为药用。在《神农本草经》《本草纲目》中都记载了龙眼具有养血安神、补益心脾的功效。如今，龙眼仍是一味补血安神的重要药物。

龙眼有润肺、补中益气、滋阴补肾、开胃益脾的作用，可作为病后虚弱、神经衰弱、贫血萎黄、产后血亏等的滋补品。国内外科学家发现龙眼肉有明显的抗癌、抗衰老作用。

健康红绿灯

如果龙眼的果粒已经变味，就不要再吃了。吃的时候还要注意，要与疯人果相鉴别。疯人果又叫龙荔，有毒。它的外壳比较平滑，没有桂圆的鳞斑状，果肉黏手，很难剥离，也没有龙眼肉有韧性，有带苦涩的甜味。

西 瓜

西瓜我们都熟悉，炎热的夏季，用西瓜解渴是一种惬意的享受。但是说起它的历史，知道的人很少。

据植物学家考证，西瓜的原产地在非洲南部的沙漠里。南非旅游学家李文斯顿曾经这样描写南非沙漠里的野生西瓜："当雨下得比平常更多的时候，广大的地面上遍地有西瓜……当时各种各样的野生动物，尽情吃西瓜。象和各种犀牛都饱食西瓜的甜汁。羚羊、狮子、豺狼和老鼠也大吃西瓜……它们知道，这是大自然恩赐的礼品。"

就是这些动物吃西瓜时，到处走动，把种子传到别的地方。再加上南非沙漠雨季来临时，雨很大，狂风和暴雨把西瓜带到远处，西瓜烂了以后，有些完好的种子开始发芽生长。年复一年，广阔的地面就到处都有西瓜了。

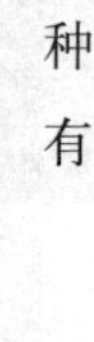

欧美许多专家认为，西瓜是先由埃及传到小亚细亚，然后兵分两路进行传播。一路传到欧洲英国、法国，由英国传到美国、加拿大，由法国传到德国，由德国传入俄国；另一路由波斯传入印度和阿富汗，由阿富汗传入我国和日本。

西瓜是什么时候传入我国的呢？据宋代欧阳修的《新五代史·四夷附录》中记载："……胡峤居虏中七年，当周广顺三年亡归中国，略能道其所见。……明日东行，……数十里遂入平川，多草木，始食西瓜。云契丹破回纥得此种，以牛粪复棚而种，大如中国冬瓜而味甘。"

由此可以知道，大约在隋唐之际，西瓜已经传入我国。五代时期传入内地。中国人把这种从西方传入的瓜叫作"西瓜"。

西瓜传入我国以后，得到迅速发展，南宋时期黄河以南地区已广为种植。目前，除少数边远寒冷地区外，各地均有种植。

瓜中之王

西瓜为葫芦科，西瓜属，一年生蔓生草本植物西瓜的果实。又称寒瓜、夏瓜，有"瓜中之王"的美誉。

西瓜的果实有卵形、圆球形、圆筒形、椭圆球形等。果面平滑或具棱沟，表皮呈绿、深绿、墨绿、绿白、黑色，间有细网纹或条带。果肉有淡红、大红、淡黄、深黄、乳白等色。肉质分紧肉和沙瓤。种子呈扁平、长卵圆形或卵圆形，平滑或具裂纹。种皮为浅褐、褐、白、黑或棕色，单色或杂色。

西瓜是夏季的主要水果。成熟果实除含有大量水分外，瓤肉含糖量一般为5%~12%，包括果糖、蔗糖和葡萄糖。甜度随成熟后期蔗糖的增加而增加。几乎不含淀粉，贮藏期间甜度会降低。瓜皮可加工制成西瓜酱，瓜子可作茶食。

生食西瓜能清热解暑，有“天生白虎汤”之称。西瓜防治疾病范围广，夏天吃西瓜对身体非常有益。有“夏日吃西瓜，药物不用抓”的谚语。不过需要注意，西瓜属于甘寒之品，患有胃炎、慢性肠炎及十二指肠溃疡者不能多吃。即使是正常人，一次也不能吃太多，因为西瓜含水分很多，过多的水分在胃里会冲淡胃液，有时会引起腹泻或者消化不良。小儿吃西瓜，既可以得到丰富的营养，又有开胃、助消化、促代谢、利泌尿、滋身体、祛暑疾的功效。

小知识
西瓜皮能美容，用它轻轻摩擦面部，可使面部皮肤白净光滑，富有弹性。

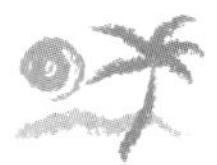

火龙果

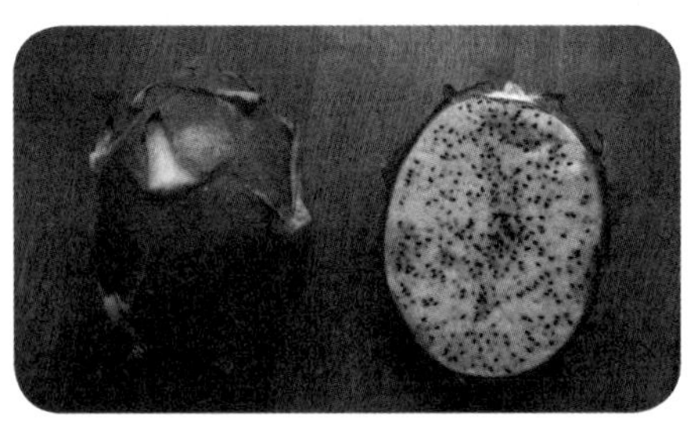

火龙果又名“红龙果”“神圣果”“青龙果”等，为仙人掌科三角柱属植物。火龙果的故乡在中美洲热带沙漠地区，是典型的热带植物。后来由荷兰人、法国人传到越南、泰国等东南亚国家，后又传入我国台湾，再由台湾改良引进海南省及广东、广西等地栽培。

在美洲印加人、玛雅人的金字塔和亚洲越南人的寺庙旁边，都有人们种植的火龙果。每逢重大的宗教活动，他们就会在祭坛上供奉火龙果，故火龙果被称为“神圣果”。

更让人称奇的是，不管是在美洲还是在欧洲，火龙果都与中华龙文化有着不解之缘。在古代印加，人们将火龙果与印有酷似中国龙的图腾一起祭祀，在印加语里，火龙果和这种图腾都是龙的意思。土著墨西哥人也许受了关于祖先是从中国漂洋过海来到美洲传说的影响，至今他们还称自己为中国男孩。

吉祥之果

火龙果的花光洁而巨大，香飘四溢，盆栽观赏让人有种吉祥的感觉，因此火龙果也被称为“吉祥果”。它的果实艳丽夺目，果肉血红或雪白，甜而不腻，有种淡淡的芳香。

每100克火龙果鲜果肉中，含水分83.75克、碳水化合物13.91克、葡萄糖7.83克、膳食纤维1.62克、蛋白质0.62克、脂肪0.17克、磷30.2~36.1毫克、钙6.3~8.8毫克、维生素C5.22毫克、果糖2.83克、铁0.55~0.65毫克。此外，还含有大量花青素、植物白蛋白、水溶性膳食蛋白等。

火龙果含有较高的花青素，具有抗自由基、抗氧化、抗衰老、美白皮肤等作用，并可减肥、润肠通便、降低血糖。

小知识
火龙果是典型的热带水果，最好不要存放，应现买现吃。如果需要存放的话，要选择放在阴凉通风的地方，而不要放在冰箱内，以免其因冻伤而加快变质的速度。

柿　子

目前，中国年产鲜柿70万吨，是世界上产柿最多的国家。柿子品种很多，约有300多种。从果形上可分为长柿、圆柿、方柿、牛心柿、葫芦柿等；从色泽上可分为黄柿、红柿、朱柿、乌柿、青柿、白柿等。经过人们长期实践，培育出很多优良品种，特别有名的有：华北出产的大盘柿，被称为“世界第一优良种”；河北、山东一带的镜面柿、莲花柿；浙江杭州古荡一带出产的方柿；陕西泾阳、三原一带的鸡心黄柿；陕西富平的尖柿，以上品种被誉为我国“六大名柿”。此外，还有华州区的陆柿、彬州市的尖顶柿、陕西临潼的火晶柿、益都的大萼子柿、青岛的金瓶柿等都是国内有名的柿子品种。这些名种柿子，个儿大、肉细、皮薄、汁甜如蜜，深受人们喜爱。

柿子又名“红柿”“米果”“猴枣”等，为柿科柿属常绿或落叶性灌木或乔木柿的成熟果实。它甜腻可口，营养丰富，是人们比较喜欢食用的果品。很多人喜欢在冬天吃冻柿子，别有一番味道。柿子营养价值很高，所含糖分和维生素比一般水果都高。一天吃1个柿子，就能满足一天所需维生素C的一半。所以，适当吃些柿子对人体健康非常有益。

每100克鲜柿子中含水分82.4克、碳水化合物10.8克、膳食纤维3.1克、蛋白质0.7克、脂肪0.1克、钾132毫克、磷19毫克、钙16毫克、抗坏血酸11毫克、镁8毫克、钠0.8毫克、烟酸0.3毫克、铁0.2毫克、铜0.16毫克、核黄素0.02毫克、硫胺素0.01毫克。此外，还含有丰富的黄酮苷、甘露醇、碘、鞣质及有机酸等物质。

每日一苹果，不如每日一柿子

柿子的营养成分很丰富，和苹果相比，除了铜和锌比苹果的含量少外，其他成分的含量都比苹果高。俗语说：“一日一苹果，医生远离我。”这句话说明了苹果的

功效，但是，要论预防血管硬化，柿子的功效大于苹果。所以要想心脏健康，“每日一苹果，不如每日一柿子”。

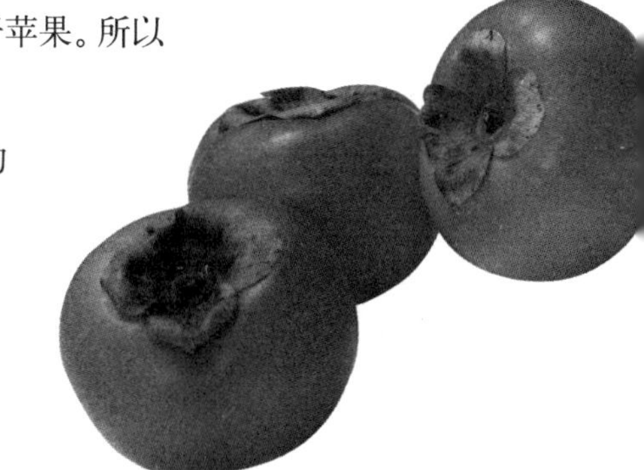

柿子中含碘是它的一大特点，因缺碘引起的地方性甲状腺肿大患者，食用柿子非常有益。柿子有清燥火、养肺胃的功效，可以解酒、补虚、利肠、止咳、止血、除热，还可充饥。

健康红绿灯

不管是鲜柿，还是干制的柿饼，都非常好吃。但是，切记鲜柿不可多吃。因为鲜柿中含有较多的单宁，食用过多会有舌麻、口涩的感觉，单宁到达肠内后会刺激肠壁，造成肠液分泌少，影响消化吸收功能。

柿子中含有较多的果胶和鞣酸，如果空腹吃柿子，它们在胃酸的作用下就会形成大小不等的硬块，如果这些硬块不能到达小肠，就会在胃里形成柿石，最初胃柿石如杏核大小，但是会越积越大。如果柿石无法自然排出，就会造成消化道梗阻，出现上腹部剧烈疼痛、呕血等症状，严重的还会引起死亡，所以不要空腹吃柿子。

橄　榄

中国是橄榄的故乡，也是世界上栽培橄榄最多的国家。我国橄榄树分布最多的省份是福建，广东、广西、浙江、四川、台湾等省亦有栽培。世界上栽培橄榄的国家有泰国、越南、缅甸、老挝、菲律宾、印度以及马来西亚等。

传说有一位老中医，他的医术非常高明。一天，一个人找他看病，这个人说："久闻先生大名，今天特来求医，我又黄又胖，非常懒，而且很穷，希望先生能把我治好。"老中医心想，这三种病的根源在于懒，要先将懒变为勤快。于是告诉病人说："从明天开始，你每天去饮橄榄茶，然后把橄榄核捡起来，回家种在房前屋后，要常常浇水施肥，等到橄榄成林结果，再来找我。"

这个病人照办了，精心呵护他的橄榄树。几年过去了，橄榄由树苗长成了树，由树变成

了林，而且橄榄林也结了果，这个人终于勤快起来了，人长得也结实了。可是他还是很穷。于是他又去找老中医。老中医笑着说："你现在已经不黄不胖了，也不懒了，你先回去吧，明天开始我叫你不再贫穷。"第二天，果然有很多人前来向他买橄榄，从此，他再也不贫穷了。

橄榄为橄榄科常绿乔木，适应性强，山丘、河滩、坡地以及房前屋后均可种植。它不仅能使农民脱贫致富，而且树姿优美，四季常青，可以绿化环境，净化空气。

"桃三李四橄榄七"，橄榄需要栽培7年才结果，一般在每年10月左右成熟。新橄榄树结果很少，一棵仅能生产几千克，要等25年才会显著增加，多则可达500多千克。橄榄树每结一次果，一般次年都会减产，故橄榄产量有大小年之分。

天堂之果

橄榄的果实呈长椭圆形，两端稍尖，绿色。一般的水果初生时为绿色，等到成熟的时候，就变了颜色，而橄榄始终是青绿色，故称"青果"。初食橄榄，味道酸苦，嚼一会就会觉得甜，满口清香，回味无穷。橄榄也可以用来比喻忠谏之言，虽然逆耳，但是有益。因此，橄榄又被称为"谏果""忠果"。土耳其人还将橄榄、无花果和石榴并称为"天堂之果"。橄榄除供鲜食外，还可加工成甘草橄榄、五香橄榄、丁香橄榄等。

橄榄含有丰富的维生素和矿物质。还含有挥发油、维生素C、香树脂醇、鞣酸等，其中钙、钾含量特别丰富，维生素C含量是梨、桃的5倍，苹果的10倍。核仁中含橄榄油，是一种营养价值非常高的食用油。

冬春橄榄赛人参

中医认为，橄榄性味甘、酸、平，入脾、胃、肺经，有清热解毒、生津止渴、利咽化痰、化刺除鲠、除烦醒酒的功效。冬春季节，每天食2~3枚鲜橄榄，可以有效预防上呼吸道感染，有“冬春橄榄赛人参”的美誉。儿童经常食用，对骨骼的发育有好处。

健康红绿灯

色泽已经变黄并且有黑点的橄榄已经不新鲜了，要用水洗干净后再吃，市场上卖的橄榄特别青绿，没有一点黄色，这说明是卖家为了好看，已经用矾水浸泡过，最好不要食用。

枇杷

枇杷为蔷薇科枇杷属常绿小乔木，原产我国四川、陕西。湖北、湖南、浙江等长江以南省份多做果树栽培。以安徽“三潭”最为著名。在徽州民间有“天上王母蟠桃，地上三潭枇杷”之说。

枇杷品种很多，约有200种。论成熟期，可分早、中、晚三类，早熟品种在五月成熟，中熟品种在六月成熟，晚熟品种可延至七月上旬。依果形分，有长果种和圆果种之别，一般长果种核少或独核，圆果种含核比较多。按果实色泽分，又分为白肉种和红肉种，白肉种枇杷皮薄肉厚，质细味甜，肉质玉色，古人称之为“蜡丸”。正如宋代郭正祥所描写：“颗颗枇杷味尚酸，北人曾作蕊枝看。未知何物真堪比，正恐飞书

寄蜡丸。”红肉种枇杷皮厚易剥，味甜质粗，果皮金黄，被称为“金丸”。

产于福建莆田的“解放钟”，果肉厚嫩，汁多味美；产于原江苏吴县的“照种白沙”，汁多质细，风味鲜甜；产于浙江余杭的“软条白砂”，肉白味甜，它们都是枇杷中的名品。

枇杷因果实形状似琵琶而得名。与樱桃、梅子并称“三友”。它秋天养蕾，冬天开花，春天结果，夏天成熟，承四时之雨露，为“果中独备四时之气者”。果肉酸甜适度，柔软多汁，味道鲜美。

枇杷不但味道鲜美，而且营养丰富。每100克鲜枇杷中含水分90克、碳水化合物7.2克、蛋白质1.1克、脂肪0.5克、钙54毫克、磷28毫克、维生素C16毫克、镁10毫克、钠4.05毫克、胡萝卜素1.52毫克、铁1.1毫克。此外，还含有维生素A、柠檬酸、苹果酸、鞣质、果胶等成分。

止咳“良药”

枇杷还具有很高的药用价值。《本草纲目》记载：“枇杷能润五脏，滋心肺”。中医认为，枇杷有清热健胃、生津润肺、祛痰止咳的功效。枇杷所含的胡萝卜素可

转化为维生素A，对黏膜或皮肤有保护作用。

川贝枇杷膏就是以枇杷为主要药材制作而成，其效用为清热润肺、止咳化痰，还能养颜美容、滋补身体。

现代医学证明，枇杷中还含有丰富的白芦梨醇和苦杏仁苷等防癌、抗癌物质。

健康红绿灯

枇杷仁含有有毒氢氰酸，不可食用。枇杷易助湿生痰，所以，不可过多食用，脾虚泄泻者忌食。

山 竹

山竹原名“莽吉柿”，原产于东南亚，属藤黄科常绿乔木。树高15米左右，寿命可达70年以上。叶片为椭圆形，春天开花，花像蜀葵，花瓣为红色，花蕊为黄色。虽然山竹的种植成本不高，但是需要种植10年才开始结果。

山竹果实呈扁圆形，大小如柿子，果壳又厚又硬，用筷子敲有“梆梆”的响声。文人称赞其为“坚强的外表下有一颗柔弱的心”。果壳里还含有紫色的汁液，果皮山竹很涩，吃的时候千万不要舔到也不要让紫色的汁液沾到衣服上，否则很难洗掉。在果皮的脐部，你可以看到像花朵一样的图案，从这图案可以判断出里面有几瓣果

肉，也就是说，花朵一样的图案有几个花瓣，里面的果肉就有几瓣。洁白晶莹的果肉，酷似剥开皮的大蒜瓣，紧密的围成一团，非常好看。

山竹果肉又白又嫩，味清甜甘香，爽口多汁，为热带果品中的珍品，有“水果王后”的美誉。山竹营养丰富，果肉含柠檬酸0.63%、可溶性固形物16.8%，还含有蛋白质、维生素B_1、维生素B_2、维生素C和矿物质。

山竹不仅味美、营养丰富，而且对机体有很好的滋补作用，对营养不良、体弱、病后都有很好的调养作用，还有降燥、清热解凉的作用，可化解脂肪、降火润肤。如果皮肤生疮，年轻人长青春痘，可以生食或者用山竹煲汤。在泰国，人们将榴梿和山竹视为“夫妻果”。如果吃了榴梿上火，吃几个山竹就可以缓解，也只有“水果王后”才能降服“水果之王”了！

在热带地区，一年四季都有新鲜水果，但山竹每半年才出产一次，物以稀为贵，它的售价很高，比美国的“五脚苹果”还贵一两倍。在气候温和的欧洲和北美，人们几乎没有听说过山竹，而在热带雨林地区，没有人不知道它。

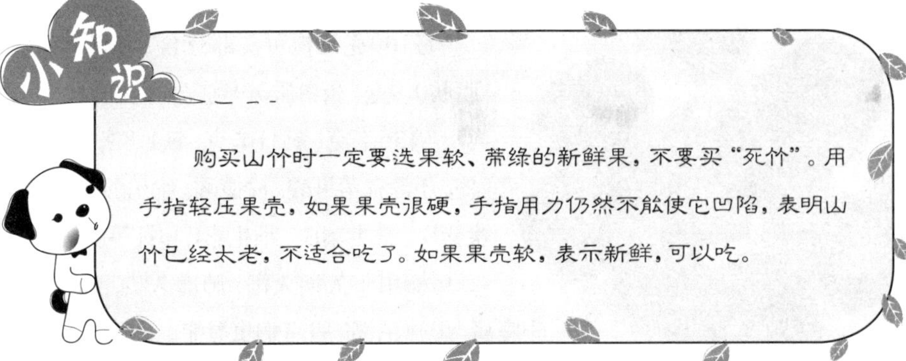

购买山竹时一定要选果软、蒂绿的新鲜果，不要买“死竹”。用手指轻压果壳，如果果壳很硬，手指用力仍然不能使它凹陷，表明山竹已经太老，不适合吃了。如果果壳软，表示新鲜，可以吃。

乌 梅

乌梅又名“青梅”“梅实”“梅子”“酸梅”等，为蔷薇科植物梅的干燥未成熟果实。乌梅呈不规则球形或扁圆形，表面皱缩不平，棕黑色至乌黑色，一端有明显的圆脐，果核坚硬，呈棕黄色，椭圆形，表面有凹凸不平的点，种子呈淡黄色，扁卵形。乌梅肉质软，呈棕黑色至乌黑色，味极酸。

每100克乌梅可食部分含水分75克、脂肪0.9克、蛋白质0.9克、碳水化合物5.2克、磷36毫克、钙11毫克、铁1.8毫克。此外，还含有苹果酸、柠檬酸、琥珀酸以及维生素B_1、维生素B_2、维生素C和钾等成分。

乌梅用于久痢久泻、肺虚久咳、蛔厥呕吐腹痛、虚热消渴、胆道蛔虫等症。

贴心小提示

牙关紧闭、中风，可用乌梅肉擦之。

成熟的梅含有毒的氢氰酸，因此要选择没有成熟的果实制成乌梅。咳嗽痰多、感冒发热、胸膈痞闷之人忌食；肠炎、菌痢初期忌食；孕妇产前产后以及妇女正常月经期忌食；乌梅不能生食，食后会引起腹泻、中毒。

山 楂

山楂又名“山里红”“牧狐狸”等，属蔷薇科落叶小乔木。开白色花，后期变为粉红色，果实球形，成熟后为深红色，表面有淡色的小斑点。

每100克山楂果中含水分74.1克、碳水化合物22.1克、膳食纤维2.1克、灰分0.9克、蛋白质0.7克、脂肪0.2克、钾289毫克、抗坏血酸89毫克、钙68毫克、镁25.5毫克、磷20毫克、铁2.1毫克、钠1.7毫克、烟酸0.4毫克、胡萝卜素0.82毫克、核黄素0.05毫克、硫胺素0.02毫克。此外，还含有单胺氧化酶、黄酮类等成分。

山楂除鲜食外，还可制成山楂糕、山楂片、山楂酒、果脯等。

长寿食品

山楂酸甜可口，具有很高的营养价值和药用价值，自古以来，就是消食化滞、健脾开胃、活血化瘀的良药。山楂含蛋白质、糖类、维生素C、脂肪、淀粉、胡萝卜素、枸橼酸、苹果酸、钙和铁等物质，具有降血压、降血脂、强心和抗心律不齐等作用。山楂内的黄酮类化合物牡荆素，是一种具有较强抗癌作用的药物，山楂提取物能在一定程度上抑制癌细胞在体内的生长、增殖和浸润转移。

山楂以果实作药用，性微温，味酸甘，入脾、胃、肝经，对痞满吞酸、肉积痰饮、泻腰痛疝气、痢肠风、恶露不尽、产后腹痛、小儿乳食停滞等，均有疗效。

老年人常吃山楂制品能改善睡眠，增强食欲，保持骨和血中钙的稳定，预防动脉粥样硬化，使人延年益寿，因此，山楂被称为“长寿食品”。

健康红绿灯

山楂含有大量的有机酸、果酸、山楂酸、枸橼酸等，如果空腹食用，会

使胃酸猛增，刺激胃黏膜，使胃泛酸、胀满。因此，不要空腹吃山楂。

健康人食用山楂也要有所节制。特别是正处于牙齿更替时期的儿童，如果长时间的贪食山楂或山楂制品，会不利于牙齿生长。另外，山楂片、果丹皮中含有大量糖分，儿童食用过多会使血糖保持在较高的水平，使儿童没有饥饿感，影响进食。

冰糖葫芦

南宋绍熙年间，皇帝最宠爱的贵妃生了怪病，突然变得面黄肌瘦，不想吃饭。御医都急坏了，使用了许多贵重药品都没用。贵妃的病日渐严重，皇帝无奈张榜招医。一位江湖郎中揭了榜，他为贵妃诊完脉后说："只要将山楂与红糖煎熬，每顿饭前吃5~10枚，半个月病就会好了。"贵妃按此方服用，果然痊愈了。皇上非常高兴，命御医如法炮制。后来，这种酸脆香甜的山楂就传到了民间，也就是我们平常吃的冰糖葫芦。

红毛丹

红毛丹是无患子科韶子属多年生常绿乔木。树干粗大，树冠开张，树叶为深绿色。果实呈长卵形、球形或椭圆形，串生于果梗上，果肉为白色。每年2~4月开花，6~8月果实成熟。

红毛丹原产于马来西亚，现在泰国、越南、菲律宾、马来西亚等地都有栽培。中国适合种植的地方很少，主要栽培在云南的西双版纳与海南等地，属于珍稀水果。湖南省保亭于60年代引种试种成功，至今已有数十年的栽培历史。

红毛丹是一种经济价值非常高的热带树果，在市场上声誉较高，售价高。我国海南省东南部和南部地区适于种植红毛丹，其品质优良、产量高，很有发展前景。

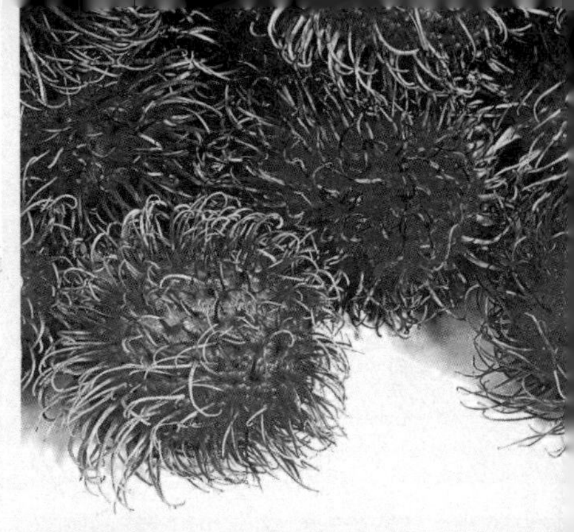

红毛丹是一种新兴的特色水果，色泽艳丽，果形奇异，成熟时果皮为粉红色、红色或黄色，有肉刺，因此又叫“毛荔枝”。果实的味道带有葡萄与荔枝味，可口怡人。果实既可鲜食，也可制成果酱、蜜饯、果酒、果冻。

红毛丹不仅外观美，而且营养丰富。果肉含蔗糖、葡萄糖，氨基酸、维生素C、碳水化合物和如钙、磷等多种矿物质。长期食用可清热解毒、润肤养颜、增强人体免疫力。

白 果

白果又名“灵眼”“银杏”“鸭脚子”等。其形小如杏，洁白如玉，故名“银杏”，为银杏科高大落叶乔木银杏树的果实。银杏成熟的果实，可煮食或炒食，味道可口，亦可做调味品和入药。白果在宋代被列为皇家贡品。食用白果，可延年益寿。

每100克白果中含碳

贴心小提示

白果以色绿的胚最毒，因此在食用前最好去掉白果心。白果含有氢氰酸，过量食用会出现发热烦躁、呕吐、呼吸困难等中毒症状，严重时可中毒致死。小儿如果吃5～10粒，可导致中毒死亡，5岁以下小儿应禁止吃白果。白果炒熟后毒性会减低，但也不能过多食用。如果发现食用白果中毒，可先用蛋清内服，或用生甘草60克煎服以解毒。

水化合物36克、蛋白质6.4克、糖6.3克、脂肪2.4克、膳食纤维1.2克、磷218毫克、钾19毫克、蔗钙10毫克、铁1毫克、胡萝卜素320微克、核黄素50微克。此外，还含有白果酸、白果酚、白果醇等多种成分。

白果性平，味甘、苦、涩，具有敛肺定喘、缩尿、止带的功能。白果有助于消黑斑、去皱纹。

莲　子

莲子又名“藕实”“莲实”“莲蓬子”等，为睡莲科植物莲藕的果实或种仁。它生在小巧玲珑的莲蓬中，由于外壳比较坚硬，古人称它为“石莲子”。我国湖南、福建、江西、浙江等省，均是闻名的莲子产区。

莲子大都以形状或产地命名，大体分为壳莲、通心莲、红莲、白莲、湘莲等，而湖南安乡、湘潭等地出产的湘莲，福建建宁、建阳生产的建莲，江西鄱阳湖沿岸生产的大白莲，为全国三大名莲，在国内外享有盛名。

莲子(干)的可食部分达100%，每100克莲子肉含碳水化合物64.2克、蛋白质17.2克、烟酸4.2克、膳食纤维3.0克、脂肪2.0克、钾846毫克、磷550毫克、镁242毫克、钙97毫克、锰8.23毫克、钠5.1毫克、酸5毫克、铁3.6毫克、锌2.78毫克、抗坏血维生素E2.71毫克、铜1.33毫克、硫胺素0.16毫克、核黄素0.08毫克、硒3.36微克。此外，还含有氧化黄心树宁碱及大量生物碱等，对人体健康十分有益。

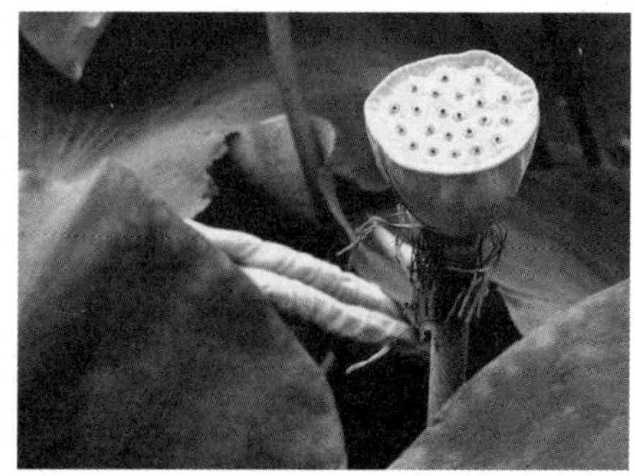

莲子有很好的滋补作用，是优质的滋补品。在历代达官贵人常食的“大补三元汤”中，莲子就是其中一元。古今丰盛的宴席上，都备有莲子，如宋代《武林旧事》描写的宋高宗的御宴、《红楼梦》中的贾府盛宴，都有“干蒸莲子”“莲子肉”，而“莲子汤”则是最后的压席菜，有“无莲不成席”的势头。一般家庭也常用莲子制作八宝粥，或制作冰糖莲子羹。

古人认为常食莲子能祛百病，还能返老还童。

莲子心

莲子中央的青绿色胚芽是莲子心。莲子心味苦，有固神、清热、强心、安神的功效。取2克莲子心，用开水浸泡饮用，可治疗因高烧引起的神志不清、烦躁不安和梦遗滑精等症。也用于治疗高血压、心悸失眠、头昏脑涨。

小知识

莲子最忌受热、受潮，受热莲子芯的苦味会渗进莲肉，受潮则容易被虫蛀，因此莲子应存放在干爽的地方。如果莲子已经受潮生虫，应立即火焙或日晒，晒后要摊晾两天，等到热气散完再收藏。火焙或日晒过的莲子，色泽和肉质都会受到影响，药效也会受到一定的影响。

世界四大干果

核　桃

核桃属于胡桃科落叶乔木干果。我国栽培核桃历史悠久，汉张骞出使西域时传入我国。

核桃的故乡是亚洲西部的伊朗，目前广泛分布在欧洲、美洲和亚洲的很多地方。核桃在很久以前就被传入我国的新疆地区，晋人张华在《博物志》中云："张骞使西域还，乃得胡桃种。"宋人苏颂的《图经本草》中记载："此果(胡桃)本出羌湖。汉时张骞使西域，始得种还，植之秦中，渐及东土，故名之。"西域和羌湖，都包括今天的新疆。我国内地的核桃是从新疆引种过来的，因此又称

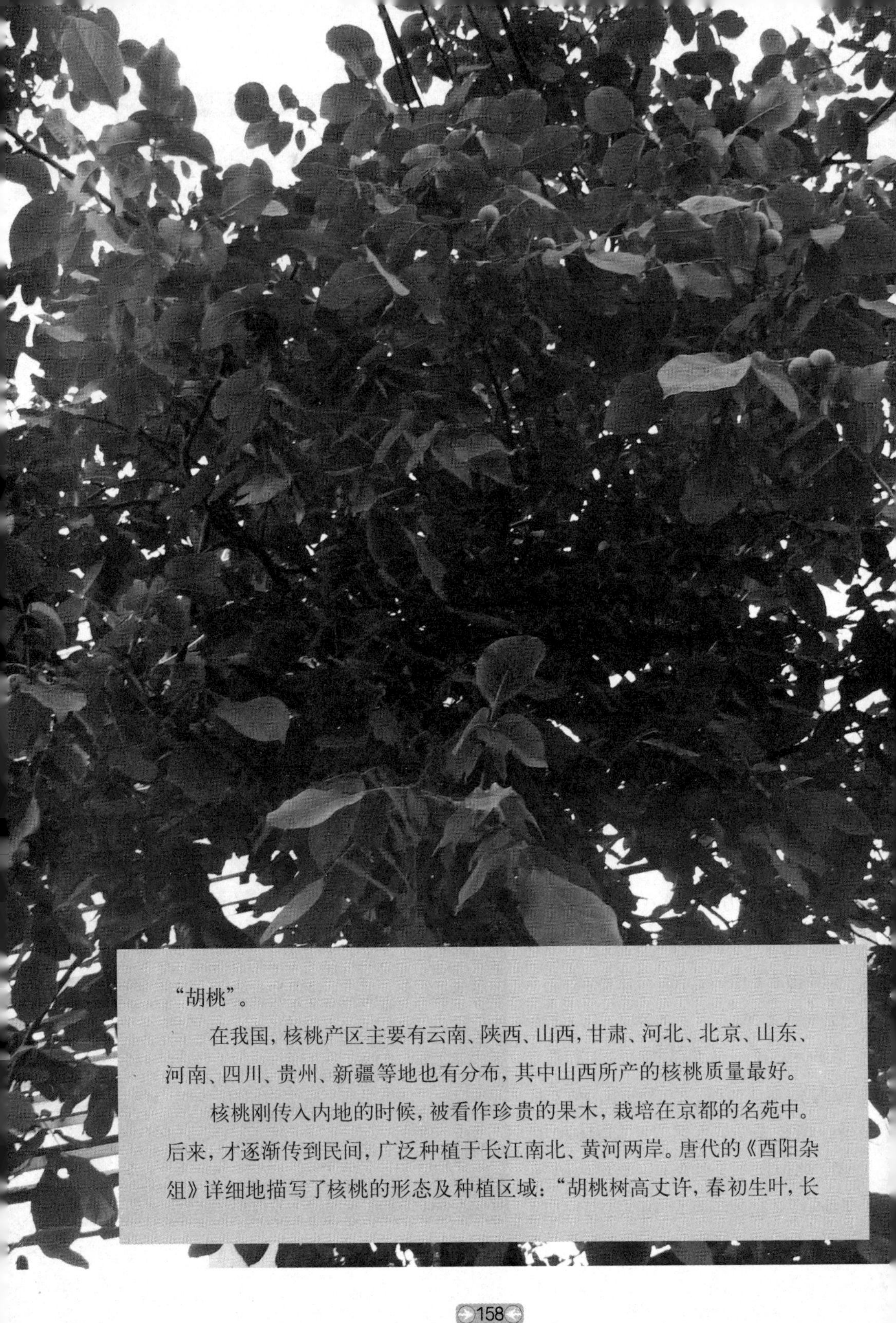

“胡桃”。

在我国，核桃产区主要有云南、陕西、山西，甘肃、河北、北京、山东、河南、四川、贵州、新疆等地也有分布，其中山西所产的核桃质量最好。

核桃刚传入内地的时候，被看作珍贵的果木，栽培在京都的名苑中。后来，才逐渐传到民间，广泛种植于长江南北、黄河两岸。唐代的《酉阳杂俎》详细地描写了核桃的形态及种植区域：“胡桃树高丈许，春初生叶，长

三寸，两两相对，三月开花，如栗花，穗苍黄色，结实如青桃。九月熟时，沤烂皮肉，取核内仁为果。北方多种之，以壳薄仁肥者为佳。”

正如《酉阳杂俎》所记载的，核桃以皮薄仁肥者为佳品。核桃有的品种皮特别薄，就像鸡蛋壳一样，故名“鸡蛋壳核桃”。最好的品种是“绵核桃”，它的皮非常薄，把核桃握在手心，稍微用力一捏，核桃皮就碎了。

核桃有很多吃法，可以直接取仁食用，也可以炒、糖蘸、煮、烧菜等，椒盐五香核桃就是一种很有名的特色小吃，味香可口，非常好吃。

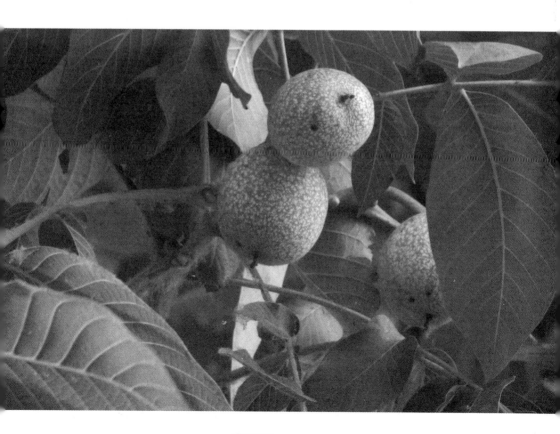

核桃的药疗效果

核桃有很高的药用价值，中医应用广泛。《神农本草经》将核桃列为久服延年益寿、轻身益气的上品。唐代《食疗本草》中记载，吃核桃仁可以开胃，还可以通润血脉，使骨肉细腻。明代李时珍的《本草纲目》中记述，核桃仁有“补气养血，润燥化痰，治虚寒喘咳，腰脚重疼，心腹疝痛”等功效。

现代医学研究认为，核桃中的磷脂，对脑神经有非常好的保健作用，能够提高记忆力。

营养专家建议，每周最好吃两三次核桃，尤其是绝经妇女和中老年人，因为核桃中所含的油酸、精氨酸、抗氧化物质等能保护心血管，对中风、冠心病、老年痴呆也有一定的预防作用。核桃仁的镇咳平喘效果显著，秋、冬季节对慢性气管炎和哮喘病患者疗效极佳。

核桃与黑芝麻、阿胶、红枣、冰糖同煮，文火熬至膏状后食用有补血补气、活血化瘀的功效，适合体虚、贫血的人食用。其中，不要小看冰糖的作用，因为其他四种食物的性质都偏温热，只有冰糖是凉性的，可以抵消一部分温热，这样吃起来就不那么容易上火了。

从以上可以看出，吃核桃既能保持身体健康，又能抗衰老。有些人经常吃补药，其实每天吃几颗核桃比吃补药还好。在食用时，有些人不喜欢吃核桃仁表面褐色的薄皮，就将它去掉，其实这样做会损失一部分营养。因此，建议在吃核桃仁时要将褐色、略带苦味的薄皮一同吃掉。

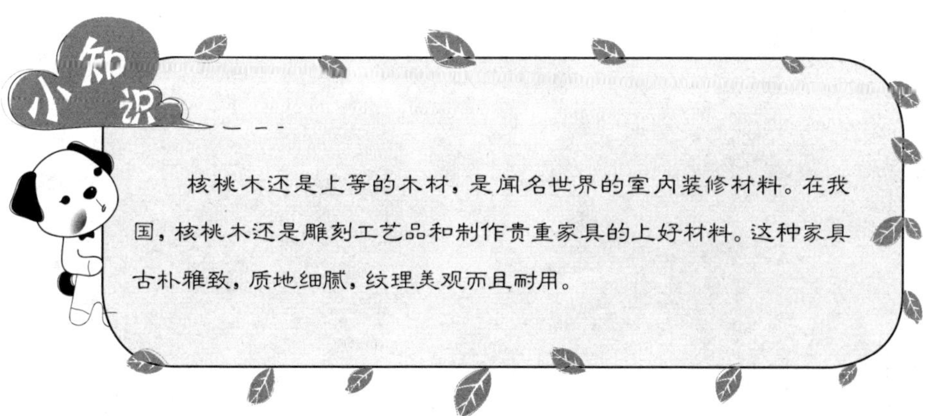

核桃木还是上等的木材，是闻名世界的室内装修材料。在我国，核桃木还是雕刻工艺品和制作贵重家具的上好材料。这种家具古朴雅致，质地细腻，纹理美观而且耐用。

榛　子

榛子树多为野生，属落叶灌木，高可达2米，大都生长在山坡的中下部及林间空地上，往往形成丛林。果实俗称“榛子”，又称“山板栗”“棰子”“尖栗”等。采收后要脱苞，果苞脱落后果壳呈棕色。

榛子外形像栗子，外壳坚硬，果仁有香气，肥白而圆，含油脂量很大，吃起来非常香美，余味绵绵，是受人们欢迎的坚果类食品。

榛子的果实虽然好吃，但是采摘非常不方便，因为榛子的外皮长着细细的毛刺。榛子为什么要长这些讨厌的毛刺呢？这是因为榛子不想让人和动物轻易碰它，有了毛刺，人和动物就会讨厌它，不敢轻易动它，它就可以保护种子，繁殖后代了。否则人和动物都一起来吃榛子，榛子没有机会繁殖后代，就会逐渐走上灭绝的道路。

坚果之王

在世界四大坚果中，榛子被人们食用的历史最悠久，营养价值也是最高的，被誉为“坚果之王”。榛子中含有丰富的不饱和脂肪酸和蛋白质，维生素A、维生素B、维生素C、维生素E、胡萝卜素以及锌、磷、铁、钾等，这些营养成分的含量在四大坚果中都占据优势。

榛子既可生食又能炒食，味美可口并有止咳作用。果仁可以制成榛子脂、榛子乳等高级营养补药，也可以制成精美的糕点，还可以制淀粉或榨油，其出油率高达50%，油色橙黄，味香质清，为高级食用油。

别看榛子含油脂多，但都是对人体有益的，有助于降血脂、降血压、保护视力、延缓衰老。而且，榛子中的油脂有利于人体对脂溶性维生素的吸收，对病后虚弱、体弱、易饥饿的人有很好的补养作用。榛子含有天然的香气，在口中越嚼越香，是很好的开胃食品。

榛子中还含有抗癌化学成分紫杉酚，这种物质是红豆杉醇中的活跃成分，可治疗乳腺癌和卵巢癌以及其他一些癌症，可延长病人的生命周期。

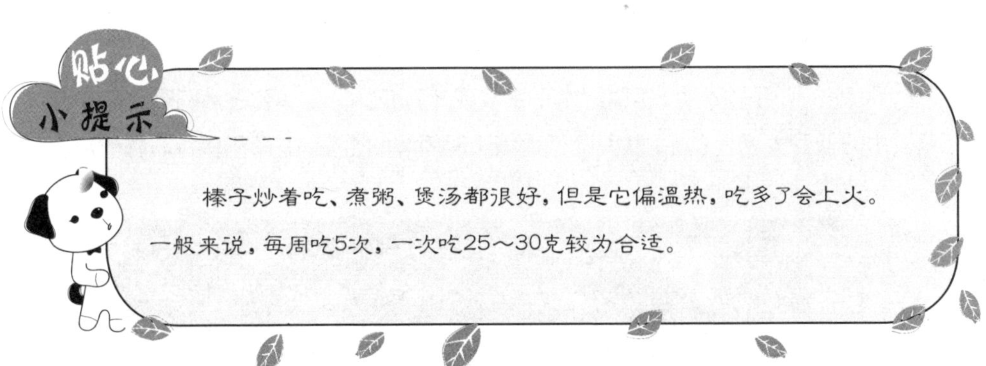

榛子炒着吃、煮粥、煲汤都很好，但是它偏温热，吃多了会上火。一般来说，每周吃5次，一次吃25～30克较为合适。

杏 仁

杏仁中除了含有大量的不饱和脂肪酸外，还含有较多的维生素E和维生素C，这使得它的美容效果非常显著。当然，杏仁中的钙、磷、铁等人体不可缺少的微量元素的作用也毫不逊色。在这些营养元素的共同作用下，杏仁可有效降低心脏病的发病率。

最新一项研究表明，胆固醇水平正常或稍高的人，可以吃适量的杏仁来取代膳食中的低营养密度食品，从而降低血液中胆固醇的含量，有助于保持心脏健康。

中医认为，在四大坚果中，杏仁是唯一的性凉之物，所以非常适合在干燥的秋季食用。

杏仁粉蒸肉

用杏仁粉代替蒸肉粉，加上酱油、料酒、适量的盐，用蒸锅蒸。这道菜有利咽、清肺化痰、润肠通便的功效。

杏仁粥

取大米100克，杏仁30克，加适量的水煮粥。此粥有养心安神的功效，有烦躁、失眠症状的朋友可以试一试。

贴心小提示

杏仁能够满足不同年龄段人群的需要，因此在食用上没有太多的限制。一般来说，一周吃两次杏仁，每次大约20～25粒，30克左右，坚持食用，患冠心病或心脏病的概率就会降低50%。

腰　果

腰果是热带木本油料植物，有很高的经济价值。由于它的果似肾形，如“腰子”一般，故名“腰果”。又因为它的种子像花生一样多油而香，因此又有“树花生”之称。

腰果原产热带美洲，莫桑比克、印度、巴西是其主要生产国。我国引种腰果已取得成功，从1958年起在海南大量种植。广西南部、雷州半岛和云南南部均有种植，都能开花结果。

腰果为世界著名的四大干果之一，果实成熟的时候香气四溢，清脆可口，甘甜如蜜。过去，产地以外的人们很难品尝到，现在已经成为常见的干果。

腰果果仁不仅味美，而且营养丰富，含48%的脂肪、21%的蛋白质、10%~20%的淀粉、7%的糖，以及少量的矿物质和维生素A、维生素B_1、维生素B_2。多用来制造点心、腰果巧克力和油炸盐渍食品。用腰果仁榨出的油为上等食用油，榨油后

剩下的油饼，营养丰富，含有35%的蛋白质，是家禽的优良饲料。副产品有果梨、果壳液等。

果壳含壳液40%左右，是一种干性油，可制彩色胶卷有色剂、合成橡胶、高级油漆等。果梨柔软多汁，含维生素C0.25%，脂肪0.1%，蛋白质0.2%，碳水化合物11.6%，水87%，以及少量铁、磷、钙、维生素A等。可做水果食用，也可制果汁、酿酒，以及制作果酱、果冻、泡菜、蜜饯等。

腰果不仅味道香美，还有非常好的保健功效。腰果果仁中的亚麻油酸能预防脑中风、心脏病；油酸可以预防动脉硬化、心血管疾病；不饱和脂肪酸对预防心肌梗死有帮助。而其维生素B_1的含量也较高，仅次于花生和芝麻，有消除疲劳、补充体力的效果，适合易疲倦的人食用。除此之外，腰果还含有优良的抗氧化剂——维生素A，具有催乳功效，有益于产后乳汁分泌不足的妇女，还能使气色变好、皮肤有光泽。而且其中的大量蛋白抑制剂，能控制癌症病情。

蔬果植物

西红柿

西红柿是茄科草本植物，高约1米。全株生有软毛，由于它能分泌一种有臭味的汁液，因此很少有害虫敢碰它。西红柿是喜光、喜温植物，不耐霜冻，生长期间需要充足的水分和光照。现在，我国大部分地区采用塑料大棚栽培西红柿，这样不仅能消除季节的影响，还能较大幅度地提高产量。而在英国、美国、日本等发达国家，大多采用无土栽培的方法栽培西红柿，无土栽培的西红柿产量很高，每公顷可达900吨。

西红柿的身世

西红柿营养丰富，虽然有点酸，但是一点也没有影响人们对它的喜爱。可是，你知道西红柿的身世吗？你知道西红柿的老家在哪里吗？

经植物学家考证，西红柿的老家在南美洲。它原来是森林中的野生植物，由于它的叶子有股臭味，虫子都不敢靠近。人类发现它以后，也不敢碰它，更害怕它那红红的果实，认为果实有毒，能毒死人。

16世纪中期，一位英国公爵到南美旅行，看到西红柿以后，非常喜欢它那红红的果实，于是把果实连同植株一起带到了英国。当时，人们将其种植在花园里，用来观赏，称为“金苹果”。

这种状况一直持续到18世纪，有些勇敢的人冒险用西红柿做菜，用大蒜、辣椒拌着吃。当时法国的一位画家，冒着生命危险决定尝尝西红柿的味道，据说还写好了遗嘱，但吃了以后，并没有死。从此，人们知道西红柿可以吃。事情一下子传开了，成为轰动世界的新闻。

何时传入我国

据文献记载，西红柿大约在清朝道光年间传入我国，时间很短，不过300多年。据说当时有个意大利传教士在河南南阳设立天主教堂以后，在菜园中种下了西红柿，这标志着西红柿开始传入我国，之后慢慢传播开来。

“菜中之果”

西红柿又称“番茄”，因其形状像柿，又来自西方，故称“西红柿”。西红柿营养丰富，既可作蔬菜，又可作水果，被称为“菜中之果”。

西红柿含有丰富的碳水化合物、矿物质、维生素、有机酸等营养成分。每100克西红柿中含维生素C20~30毫克，而且维生素C受酸的保护，在烹调中很

难被破坏。并含钾、磷、铁、镁等矿物质，能增进营养、调节人体的生理功能。且含番茄素，能利尿、助消化、润肠通便。吃适量的西红柿，可解除疲劳，增进心肌功能，对心脏病患者有益。在炎热的夏季，我们劳作、爬山感到口干舌燥的时候，吃上一两个西红柿，顿时感觉清爽、舒适，无比惬意。

现代医学认为，常吃西红柿对预防前列腺炎、癌症等十分有效。西红柿对人类的影响已远远超过了人们最初的想象。

西红柿的美容功效

西红柿中含有谷胱肽，它是维护细胞正常代谢不可或缺的物质，能抑制酪氨酸酶的活性，使沉着于内脏和皮肤的色素减退或消失，起到预防老人斑或蝴蝶斑的作用。将西红柿捣烂后，取其汁，加入新鲜黄豆粉及蜂蜜调匀，涂于手臂和面部，过15分钟洗干净，能减少皱纹。

常饮用西红柿汁或用西红柿汁洗脸，能使面容红润，充满光泽。

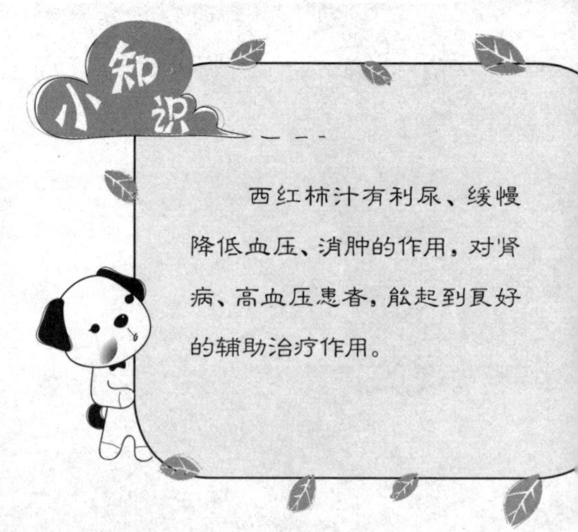

小知识
西红柿汁有利尿、缓慢降低血压、消肿的作用，对肾病、高血压患者，能起到良好的辅助治疗作用。

南　瓜

南瓜为葫芦科一年生草本植物。很早以前就传入我国，是我国乡村习惯种植的食用瓜之一。南瓜的叶子为五角状心脏形，花为黄色，茎呈五棱形，没有硬刺。果实有扁圆形、长圆形等，成熟后外皮生有一层白粉。由于它叶腋侧边生有卷须，因此能够攀缘爬行。人们经常将它种在田边的棚架下，让它不断往上爬，等它茎叶繁茂的时候，宽宽的叶子就会爬满棚架，既可以充分吸收阳光，又能为人们造就天然的凉棚，供人们避暑。等到果实成熟，横七竖八、大大小小的南瓜，有的像梭子，有的像木桶，有的像磨盘，美不胜收。

南瓜宴

南瓜的产量很高，嫩瓜可以做蔬菜，味甜适口，是夏季和秋季主要食用蔬菜之一，老南瓜是一种优质的杂粮，因此，不少地方称其为“饭瓜”。

南瓜可以制成各式各样的食品，很多人都在家中摆南瓜宴。南瓜做蔬菜，切成丝炒着吃、炖肉、做汤，味道鲜美。南瓜与米一起煮，成为香甜可口的南瓜饭，还可以把南瓜捣碎拌上面粉，制成糕饼、面条等。老南瓜蒸熟吃，具有红薯与鸡蛋黄的味道，吃起来又香又甜。

还有脱水南瓜片、南瓜布丁、南瓜泡菜、南瓜汤和南瓜烩菜……

新鲜南瓜和罐头南瓜含有90%以上的水分，热量很低，它们是维生素A的优质来源。罐头南瓜的营养与被广泛用作婴儿食品的西葫芦泥相似，如果用量不大，可

用罐头南瓜来代替西葫芦泥。

南瓜也是一味良药。中医认为，南瓜性温味甘，入脾、胃经，具有消炎止痛、补中益气、解毒杀虫的功能，可用于治疗肋间神经痛、气虚乏力、支气管哮喘、糖尿病、疟疾、痢疾等症，还能驱蛔虫、解鸦片毒。

南瓜花

南瓜花食品的制作方法非常简单，可以像一般蔬菜一样炒着吃，也可以用沸水烫熟以后凉拌着吃。意大利人则喜欢吃油炸南瓜花，制作方法也很简单，就是在南瓜花开放时采摘，仔细观察，确保花内没有蜜蜂或其他虫

小知识

在非洲，南瓜被视为乐器的始祖。老熟的南瓜皮很硬，敲击它可以发出清脆的响声，因此，非洲人把它当作原始的板鼓。在北美洲，人们用南瓜来雕刻精美的鸟笼，还用南瓜来做捕猴子的诱饵。

类。将采来的南瓜花用水洗干净后蘸上奶油，然后放进油里面炸至金黄色，取出来就可以食用。

南瓜花的营养价值很高，含有95%的水分，适量的铁、磷、维生素A和维生素C。

南瓜子

在南瓜系列的副食品中，南瓜子是含有丰富热量的一种。100克南瓜子含有553千卡热量，其他的营养成分也很丰富。因此，每天食用30克南瓜子，能明显改善日常膳食中的营养状况。

南瓜子做熟以后才能食用，具体做法是先将南瓜子晒干，然后除去黏附组织，将其炒熟或用油炸熟。也有的人，先用盐水略煮一下，然后再炒或炸，这样就可以吃到咸味的瓜子。

马铃薯

吃马铃薯的人很多，但是知道马铃薯历史的人却很少，说起它的历史，那真是传奇般的有趣。

马铃薯的故乡在南美洲的秘鲁，大约在7 000~8 000年以前，那里的印第安人发现了马铃薯，当时他们把马铃薯称为“巴巴”，很快“巴巴”就成了印第安人的主要粮食。

人们从秘鲁发掘出一些形状酷似马铃薯的古代器具，这些足以证明那里的古代人吃马铃薯。16世纪初，西班牙人到达南美洲，马铃薯首先传入西班牙，随后又传入意大利，后来又到了法国、德国。

当时的欧洲人都认为马铃薯有毒，在意大利它被称为“地豆”。1630年，法国还禁止种植和食用马铃薯。一直到18世纪时，法国的一位药剂师发现了马铃薯的价值，种植了它，收获以后，请客吃饭，用马铃薯做了好多的菜。法国宫廷前的花坛还种了马铃薯，用来观赏。

在英国，到了1770年市场上才有人卖马铃薯。19世纪40年代，一位爱尔兰子爵，把自己种植的马铃薯当作礼物送给了当时的女王伊丽莎白，结果却闹了一个大笑话：从来没有见过，更没有吃过马铃薯的厨师，非常为难，因为他不知道该如何用它来做菜。最后他用马铃薯的叶子做了一道菜，却把能用来做菜的块茎扔掉了。今天，英国人特别喜欢马铃薯，盛大的国宴上也不会少了马铃薯。

在18世纪中叶，爱尔兰已经广泛种植马铃薯，大多数爱尔兰人都依靠马铃薯为生，当时

连年战乱，即使英国士兵放火烧了爱尔兰人的房屋，埋在地下的土豆却都没有受到损失。

18世纪的下半叶，欧洲的大部分地区都发生了罕见的饥荒，由于马铃薯的适应性非常强，再加上产量高，因此成为救荒最理想的食品。

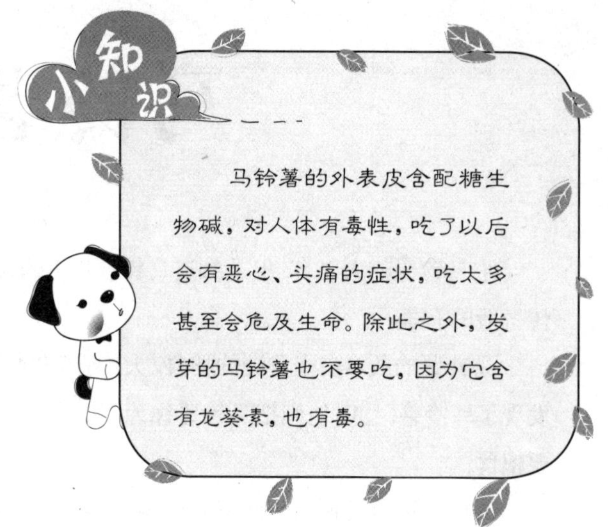

小知识
马铃薯的外表皮含配糖生物碱，对人体有毒性，吃了以后会有恶心、头痛的症状，吃太多甚至会危及生命。除此之外，发芽的马铃薯也不要吃，因为它含有龙葵素，也有毒。

何时来到中国

我国什么时候有的马铃薯？据《长安客话》记载：“土豆，绝似吴中落花生及番芋，亦似芋……”此书记载了明代中期北京郊区居民的生活情况。清代的康熙年间，1681年成书的《畿辅通志》记载：“土芋一名土豆，蒸食之味如番薯。”由此可知，当时的土豆已经很多了。

地下苹果

马铃薯是一年生草本植物，开紫色和白色的花，靠可食部分——块茎繁殖。马铃薯的块茎是我们常吃的蔬菜，也是粮食之一，又是酒精和淀粉的原料。不同地方的人们对马铃薯有不同的称呼，但是这些称呼有一个共同的特点，那就是听起来特别亲切。法国人称它为“地下苹果”，德国人称它为“地梨”，俄罗斯人则称它为“第二面包”。在我国，马铃薯也有很多美称，西北地区的居民称它为“洋芋”，东北人称它为“土豆”，华北人们称它为“山药蛋”，江浙一带，人们称它为“洋番芋”。

马铃薯在我国已经“遍地开花”，由于它喜欢和故乡一样的冷凉气候，因此，大都分布在东北、华北和内蒙古地区。在这些地区，山地种植收获最佳，块茎个头大，质量好。

马铃薯的营养非常丰富，维生素C和蛋白质的含量为苹果的10倍，脂肪、维生素B_1、维生素B_2、磷、铁的含量都比苹果高。除此之外，马铃薯的碳水化合物很容

易同化于血液，耐饥饿而又不伤胃。

在所有充饥食物中，马铃薯脂肪含量最低，只含0.1%的脂肪，因此，吃马铃薯不用担心脂肪过剩。每天都吃马铃薯，有利于减少脂肪的摄入，让身体把多余的脂肪慢慢代谢掉。

马铃薯还有非常好的保养容颜、呵护肌肤的功效。把马铃薯切成一片一片的，然后敷在面部，能起到消除色斑、增白的作用，还能减少皱纹。把煮熟的马铃薯切成片贴在眼睛上，可以减轻眼袋的水肿，对眼周围的皮肤也有明显的美容功效。

很多年轻人受到青春痘、痤疮的困扰，这是由皮肤油脂分泌过旺引起的，用棉花蘸一些新鲜的马铃薯汁涂在患处，会起到一定的治疗作用。

因为马铃薯富含维生素B_6，性情暴躁的人常吃马铃薯能起到平复焦躁、加强身体协调性的作用。性情不安的人，常吃马铃薯能摄取足够的磷和钙，可以缓解不安的情绪，使性格变得沉稳。

冬 瓜

冬瓜又叫“水芝”“白瓜”“枕瓜”等，原产于我国南部和东印度。冬瓜的耐热性较强，耐寒性较差，北方常在春季种植，6~7月收获，果实成熟的时候，表皮长有一层蜡质，因而能长期储存。冬瓜虽然喜温暖、湿润的气候，但可以像笋瓜一样过冬。冬瓜一般可以贮存一年。

在目前选用的品种中，早熟品种有一串铃冬瓜，这种冬瓜个头比较小，中熟品种有菊花冬瓜、车头冬瓜、柿饼冬瓜等。其中车头冬瓜个头大，单瓜可重达15~25千

克，而且耐储存，因此栽培面积广。

冬瓜是一种营养价值很高的蔬菜，营养学家研究发现，100克冬瓜内含有2.6克碳水化气物、0.4克蛋白质、19毫克钙、12毫克磷以及多种维生素，特别是维生素C的含量较高。

另外，冬瓜中含有丙醇二酸，对增进形体健美、防止人体发胖有很好的作用。春、夏经常吃冬瓜，对人体健康，特别是对体重偏高的人非常有益。

冬瓜水分多、质地清凉、味清淡，夏季多吃冬瓜，可以解渴、利尿，是营养不良性水肿、慢性肾炎水肿、孕妇水肿的消肿佳品。

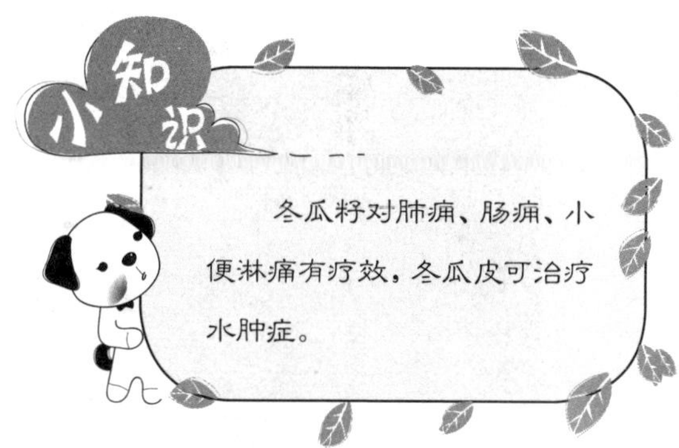

冬瓜籽对肺痈、肠痈、小便淋痛有疗效，冬瓜皮可治疗水肿症。

番 薯

番薯的故乡在南美洲，哥伦布发现美洲大陆以后，番薯传入欧洲。番薯什么时候传入我国的呢？经有关专家研究认为，番薯大约是在明代万历年间传入我国的。一位名叫陈振龙的华侨在菲律宾经商，是他从菲律宾把番薯带回了福建，陈振龙父子努力在福建试种，终于取得成功。

明万历二十一年（1593），天大旱，陈振龙建议当地多种番薯，当时的巡抚被他说服，采纳了他的建议，不出他所料，当年番薯大丰收，帮助人们度过了荒年，从此以后，番薯的名字广为流传。清代乾隆时期，华北地区遇荒年，也是用番薯抗灾。后人为了纪念陈振龙的功劳，在福建修建了“先薯祠”，番薯广泛传入我国各地。

为什么能备受青睐

入秋以后，红、黄、白各色的番薯就上市了。番薯为番薯属藤本植物，它的别名很多，四川叫“红芋”，河南叫“红薯”，北京叫“白薯”，天津、江苏叫“山芋”，福建、浙江、山东叫“番薯”或“地瓜”等。

番薯为什么能备受青睐？那是因为番薯除富含糖、淀粉、纤维、矿物质、维生素和微量元素以外，还含有丰富的蛋白质。番薯的蛋白质含量高于白萝卜、胡萝卜、南瓜、冬瓜、黄瓜等。不仅可以制成各种地瓜干，还是制造酒精、淀粉、葡萄糖和丙酮的原料。除此之外，在烈日炎炎的夏季喝汽水的时候，它能为你提供柠檬酸，当你在厨房做饭的时候，它为你提供山芋蜜、山芋粉、味精……

番薯的吃法很多，生、炒、煮、蒸、切片油炸都可以。既能当主食，也能做副食佐菜。番薯还能美容、健身、防治便秘和直肠癌等。

北方的番薯为什么不开花

番薯在我国南方、北方广泛种植。但令人奇怪的是，南方种植的番薯能开出非常美丽的花，而北方的番薯，一般不开花结籽，这是为什么呢？

原来，番薯的原产地在热带，那里不管是冬天还是夏天，从日出到日落的时间都比温带短。番薯长期在那样的环境里生长，就形成了开花结籽需要短日照的习性。这在植物学上，被称为短日照植物。我们所熟悉的菊花也是短日照植物。如果太阳照射的时间过长，它就不开花结籽了。

在我国南方，像福建、广东、广西、海南岛和台湾一带，那里夏天日照比较短，所以栽种的番薯每年都开花。而在北方，当出现番薯开花所需要的短日照时，天气已经变冷，还未等到开花就已经枯萎了。所以，北方栽种的番薯，一般很难开花结籽。

番薯窖里能闷死人

在农村，人们每年都会把收获的番薯放进番薯窖里，这样番薯就可以长期储存，要吃番薯的时候就下窖里拿。只要你细心观察，就会发现一个问题，人们下番薯窖拿番薯之前，都会先打开窖口，等过一段时间再下去，这是为什么呢？

原来，番薯是活着的根，它要呼吸就会日夜不断地吸入氧气和呼出二氧化碳，同时还不断向外散发热气。番薯窖里的温度就会不断升高，番薯的呼吸就变得更加旺盛，如果不及时给番薯窖通风换气，窖里的氧气会越来越少，二氧化碳就会越来越多，当氧气少到一定程度，就会闷死下窖的人。

因此，为了保证安全，在下窖前要把窖口打开通风换气。